乡村振兴与农业产业振兴实务丛书

# 果树盆栽技术

主　　编　张天柱

参　　编　郝天民　罗茂珍　陈小文　张雪松　任如冰

　　　　　刘鲁江　侯　倩　刘彩霞　杨永超　魏　平

　　　　　张立亚　刘艳芝　吴金杰　贾学平　亓德明

中国轻工业出版社

**图书在版编目（CIP）数据**

果树盆栽技术 / 张天柱主编 . — 北京：中国轻工业
出版社，2021.1

（乡村振兴与农业产业振兴实务丛书）

ISBN 978-7-5184-2577-8

Ⅰ . ①果… Ⅱ . ①张… Ⅲ . ①果树园艺 Ⅳ . ① S66

中国版本图书馆 CIP 数据核字（2019）第 149482 号

责任编辑：伊双双　罗晓航　　责任终审：劳国强　　整体设计：锋尚设计
策划编辑：伊双双　　　　　　　责任校对：晋　洁　责任监印：张　可

出版发行：中国轻工业出版社（北京东长安街6号，邮编：100740）

印　　刷：艺堂印刷（天津）有限公司

经　　销：各地新华书店

版　　次：2021年1月第1版第4次印刷

开　　本：720×1000　1/16　印张：8

字　　数：180千字　插页：4

书　　号：ISBN 978-7-5184-2577-8　定价：38.00元

邮购电话：010-65241695

发行电话：010-85119835　传真：85113293

网　　址：http://www.chlip.com.cn

Email：club@chlip.com.cn

如发现图书残缺请与我社邮购联系调换

201528K1C104ZBW

# 前 言

20世纪80年代以来，果树盆景以其春夏青枝绿叶、金秋硕果盈枝的独特魅力受到人们的喜爱，并逐渐发展成为果树栽培界的一个新的分支。

果树盆景技术是果树栽培技术与中国传统盆景艺术的融合发展。果树盆景既有果实的丰收美，又有传统盆景的艺术美，尤其是近年发展的大果型盆景如苹果、梨、桃、柿、山楂等，有型有果，已经成为一种绝妙的景观。

生活水平的提高带动了人们思想观念的转变，追求居住环境美、渴望回归自然，已经成为广大市民的一种生活时尚，这就为果树盆景走进千家万户奠定了基础。因此，发展果树盆景，有着广阔的市场前景。

果树盆景是高产值产品，是农村种植结构调整的发展方向。同时需要大量的不可替代的人工劳动，也非常适合我国人力资源比较丰富的基本国情。

为进一步发展我国果树盆景产业，我们编写了这本《果树盆栽技术》，旨在使更多的农业科技人员和果农掌握这门实用技术，同时也为我国的现代都市农业、农业嘉年华增添新的内容，进一步提高其科技含量。

由于编者水平有限，时间仓促，书中有不妥之处，敬请广大读者提出意见和建议。

编者
2019年9月

# 目 录

**第三章**

# 常绿果树盆栽技术

第一章

# 果树盆栽技术总论

近年来，随着现代农业技术的发展、人类对生态环境的日益重视、城市化进程的加快和人民生活水平的不断提高，盆栽果树越来越受到人们的喜爱，它既可作为盆景供人们观赏，又能提供一定数量的果实，还能美化环境。因此，盆栽果树，前景广阔。

果树盆景不受季节影响，每个季节都有独特的美丽。春季人们可以欣赏果树花朵、嫩芽；夏季人们可以欣赏果树枝叶繁茂、树叶翠绿；秋季人们可以欣赏果实色泽，闻到果香；冬季人们可以欣赏果树挺拔苍劲，极富生活的情趣。

盆栽果树极度矮化，景观效果突出，且占地面积较小，人们可根据居住条件，将其摆在窗台、阳台、楼房有阳光的楼梯及走廊上，也可把它放在办公室、会客室、会议室、宾馆，或在举行重大活动时用它布置会场。这样既可观赏各种优美造型，给人以舒适美观的感觉，又能品味新鲜的果实。

盆栽果树移动方便，在管理中可以趋利避害。如遇风雨、冰雹、霜冻时，可将盆栽果树移到安全地方。我国北方地区无霜期短，有些果树的果实在自然条件下不能成熟，可把它放在盆中栽培，在有霜期的白天，将盆器搬到屋外向阳处，晚上搬入室内，这样可使未成熟的果实充分成熟，从而能让人们吃到盆栽果树所结的好看、味美的果实。

选择合适的果树，最好选择那些树冠不大、矮化过的果树。如矮化过的苹果树比较容易栽种，并且结果率比较高，而且秋天阳台上的苹果树挂满了红彤彤的苹果寓意非常好。如果室内四季温差不大的话，还可以种植金橘树、柠檬树。此外还有山楂树、无花果、葡萄树等。

# 第一节
# 花盆的选择

果树盆景主要分为陶盆、瓷盆、自然石盆、釉盆、素烧盆、木盆、塑料盆，形状以圆形、方形为主。

## 一、盆的材质

从观赏和实用的价值来看，紫砂盆是最好的选择，雅致古朴，透气性很强，适合老桩的种植。紫砂盆又分为朱紫砂、朱泥、紫泥、白泥、黄泥、青泥、老泥等品种。

石头材质适合制作丛林式、水旱式、微型的山水盆景。

塑料花盆颜色鲜艳，价格便宜，但作为盆景观赏不太合适，只可以阶段性地使用。

瓷盆光亮，但透气性较差，可以作为花果树的套盆。

## 二、盆的形态

花盆一般分为长方盆、方盆、圆盆、椭圆盆、八角盆、六角盆、浅口盆、扁盆、盾形盆、海棠盆、自然形石盆、天然竹木盆等。在种植不同形态的植株时，选择合适的即可，通常会选用方形花盆。

## 三、盆景用盆注意事项

### 1. 款式要吻合

盆的形状要与整体的形态协调，树木盆景姿态曲折，盆的轮廓以曲线为主，如圆形、椭圆形；树木盆景较挺拔的，盆的线条要刚直，如菱形、四方形。

### 2. 色彩要协调

盆与景的色彩既要有对比，又要相互协调。一般情况下，盆应该选择素雅点的，可以体现衬托作用，防止花盆喧宾夺主。山水盆景会采用白色花盆，不与山石的颜色相同即可。树木盆景根据主干选择深一点的，花果类用彩釉陶盆，松柏类盆景用紫砂盆。

山水盆景一般采用长方形，可以狭长一点。山石盆景，选择宽盆，高远式的山景选择狭长的浅盆。

### 3. 大小要适宽

盆的大小要与景观相适应，过大过小都不可以。用盆过大，水分过多，显得盆景过于宽阔，导致植株徒长；用盆过小，使盆景看起来头重脚轻，缺乏稳定感。

### 4. 深浅要适当

花盆的大小可根据需要而定，一般室内或阳台摆放可选用内径25~45cm、高20~35cm的。树木盆景用盆过深，会使树木在盆中显得过于矮小，但主干粗壮的树木用盆过浅，树木生长不良，难以栽种。

## 第二节
# 盆土的配制

盆栽果树因容器的容积有限，根系受制约的程度较大，因此必须使有限的盆土比自然土肥力高得多，才能维持盆栽植株的正常生命活动。对盆土的要求，以果树种类品种而异。一般要求盆土理化性质好，pH适宜，保肥保水，透气渗水。

## 一、盆土的类型

### 1. 沙土

多取自河滩。河沙排水透气性能好，多用于掺入其他培养材料中以利于排水。沙土掺入黏重土中，可改善土壤物理结构，增加土壤的排水透气性。缺点是毫无肥力。可作为配制培养土的材料，也可单独用作扦插或播种的基质。海沙用作培养土时，必须用淡水冲洗，否则含盐量过高，影响果树生长。

### 2. 园土

园土又称作菜园土、田园土，取自菜园、果园等地表层的土壤。园土含有一定腐殖质，并有较好的物理性状，常作为多数培养土的基本材料。这是普通的栽培土，因经常施肥耕作，肥力较高，团粒结构好，是配制培养土的主要原料之一。缺点是干时表层易板结，湿时通气透水性差，不能单独使用。种植过蔬菜或豆类作物的表层沙壤土最好。

### 3. 腐叶土

腐叶土又称作腐殖质土，是利用各种植物的叶子、杂草等掺入园土，加水和人粪尿，经过堆积、发酵腐熟而成的培养土，pH呈酸性，需经暴晒过筛后使用。

### 4. 山泥

山泥分黄山泥和黑山泥两种，是由山间树木落叶长期堆积而成的，是一种天然的含腐殖质土，土质疏松。黑山泥呈酸性，含腐殖质较多；黄山泥亦为酸性，含腐殖质较少。黄山泥和黑山泥相比，前者质地较黏重，含腐殖质也少。

### 5. 厩肥土

厩肥土由动物粪便、落叶等物掺入园土、污水等堆积沤制而成，具有较丰富的肥力。此外，还有塘泥、河泥、针叶土、草皮土、腐木屑、蛭石、珍珠岩等，均是配制培养土的好材料。

### 6. 木屑

这是近年来新发展起来的一种培养材料，疏松而透气，保水、透水性好，保温性强，质量轻又干净卫生，pH呈中性或微酸性，可单独用作培养土。但木屑来源不广，单独使用时不能固定植株。因此，多和其他材料混合使用，增加培养土的排水透气性。

### 7. 松叶

在落叶松树下，每年秋冬都会积有一层落叶。落叶松的叶细小、质轻、柔软、易粉碎，这种落叶堆积一段时间后，可作为配制培养土的材料。落叶松还可作为配制酸性、微酸性及提高疏松、通透性的培养土材料。

## 二、盆土的配制方法

南方生长的果树多喜欢酸性土壤，北方生长的果树多喜欢偏中性的土壤。一般是人工营养土加上天然营养土，以及富含腐殖质的沙壤土或沙土，其配制方法多种多样，可就地取材。

（1）肥沃熟土6份、河沙2份、腐熟的羊粪1份、沤烂的树叶及马掌发酵肥1份，按比例混合均匀，过筛。

（2）堆肥土5份、园土2.5份、沙土2.5份，1m³盆土加入0.5～1kg 25%氮磷钾复合肥混合拌匀。

（3）园土4份、腐殖土3份、细沙土2份、草木灰1份，充分混合均匀，辗细过筛。

（4）木屑5份、园土2.5份、沙土2.5份。

（5）园土4份、田土3份、细沙土2份、草木灰1份。

### 三、盆土的消毒

盆土的各种成分混拌均匀后，要进行消毒，以消灭土壤中的害虫和杂草种子等。常用的方法是日光暴晒和福尔马林消毒。日光暴晒即在太阳光下暴晒，并经常翻动研碎，充分受到紫外线的照射消毒灭菌。福尔马林消毒，即用福尔马林1kg加水40～50kg，均匀洒在1m³的培养土中，再用薄膜密封熏蒸消毒，密闭2d，揭开薄膜后待福尔马林完全挥发后才能上盆栽植果树。另外，如果有条件，可采用高压蒸汽灭菌，高效无毒。

## 第三节
# 育苗技术

盆栽果树首先要育苗。一般较大型的盆栽果树生产基地都有自己的育苗苗圃，从而保证了盆栽果树生产基地的优良种苗。而作为家庭阳台、庭院进行盆栽果树的，由于用苗较少，可选择从果树育苗基地购苗。

### 一、播种育苗

播种育苗是果树传统的育苗方式。首先要选择粒大饱满、发芽率高的种子，播种前进行种子消毒和催芽处理，然后进行播种。播种分春播和秋播，生产中以春播为主。播种方式有直播和床播两种，播种方法有条播、撒播和点播三种。

出苗后进入实生苗的管理阶段。实生苗的管理主要为间苗定苗、中耕除草、浇水、追肥、摘心抹芽与副梢处理及病虫害防治。

播种育苗一般第2年即可出圃定植。

## 二、扦插育苗

当前果树生产中，扦插应用最广泛的是葡萄，通常在春季利用贮藏后的1年生枝条进行，称作硬枝扦插，可直接育成新苗。若用半木质化新梢在生长季节扦插，称作绿枝扦插。樱桃、海棠、杜梨等均可用绿枝扦插繁殖砧木苗。

扦插繁殖的另一种方法称作根插法，适合根上能形成不定芽的树种，如苹果、梨、柿子、枣、山楂等均可用根插繁殖砧木苗。

生产上常利用果苗出圃时剪留下来的根段或留在地下的残根进行根插繁殖。一般要求根的直径0.5cm左右，剪成长10cm的根段，上口平、下口斜，沙藏后进行扦插。

## 三、分株育苗

分株繁殖法是利用母株的根或匍匐茎生根后进行母株分离、另行栽植的方法。如枣产区主要是利用枣树的根苗繁殖新株，梨产区习惯用杜梨幼苗作砧木，称作根分株法。利用匍匐茎繁殖的主要是草莓，称作匍匐茎分株法。

## 四、压条育苗

压条繁殖法是在枝条与母株不分离的情况下，把枝条压入土中的，或在基部培土使枝条生根，再与母株分开，由于压条繁殖法在枝条生根前不与母株分离，因此生根比较容易。扦插生根困难的树种，可用此法培育果苗或砧木苗。

## 五、嫁接育苗

嫁接育苗即将优良品种的枝或芽，接到另一植株的适当部位上，从而形成一棵新株的育苗方法。当前，嫁接育苗是培养果树苗木的主要手段。嫁接的优点多，除保持品种固有的优良特性之外，还可以提早结果，早期丰产，增加对干旱、水涝、盐碱、病虫的抗性，也可以改劣换优，将野果变家果。

嫁接方法分为芽接和枝接。芽接的优点很多，接穗利用率高，接合部位牢固，成活率高，操作方便，嫁接时间长，适宜大量繁殖苗木，而且传染根癌病的概率较低。枝接发芽早，生长旺盛，一般可以当年成苗，但比较费工，接穗消耗量大，嫁接时期也受到了一定限制。枝接分为插皮接、劈接、切接、腹接、搭接、靠接等几种方法。

## 第四节

# 上盆移栽

选择植株健壮、芽眼饱满、无病虫危害的苗木，于春季萌芽前上盆栽植。栽植前要进行修根，剪去坏死根，修平受伤的侧根，过长的侧根剪短可促其长出须根，尽量保留有用的须根，过长的须根剪留20cm左右，并用5°Bé石硫合剂浸根消毒。

## 一、苗木消毒

对于自育和外购的苗木进行消毒，杀死有害虫卵和病菌，是果树盆景新发展地区防止病虫害传播的有效措施。

### 1. 浸泡消毒法

用1～3°Bé石硫合剂水溶液浸泡10～20min，然后用清水将根部冲洗干净，或用1：1：100的波尔多液（硫酸铜：石灰：水）浸泡20min左右，再用清水冲洗根部。此法可杀死大量有害病菌，对苗木起到保护作用。

### 2. 熏蒸消毒法

将苗木放置在密闭的室内或箱子中，按100m³用30g氯酸钾、45g硫磺、90mL水的配方，先将硫磺倒入水中，再加入氯酸钾，此后人员立即离开。熏蒸24h后打开门窗，待毒气散净后人员才能入室取苗。进行熏蒸杀虫的操作时，工作人员一定要注意安全。为了果树盆景的绿色无公害生产，禁止使用氯化汞、对硫磷、氰化钾等剧毒药物进行果树苗木的杀虫消毒。

## 二、栽植

栽植时在选用的盆底部洞上放几片碎瓦片，放入一层粗沙，加入部分营养土，放入苗木，将根系摆放均匀，再加足营养土压实，浇足水，并覆上地膜。

## 第五节

# 整形修剪

盆栽果树的修剪应与造型、整形紧密配合，修剪时应考虑其开花结果和造型形态。

盆栽果树可根据个人的爱好及所栽树种的生长特性，塑造成自然圆头形、塔形、双枝鹿角形、独枝悬崖形、垂柳形、龙曲形等，使其既有利于结果，又具有美学观赏价值。

需要指出的是，果树盆景的形态每年甚至每季均发生较大变化，包括果实、当年生枝、每年的结果部位等，而其基本造型一旦确定，就应逐年延续、完善发展。为避免出现不合理的修剪或与造型相违，修剪时可先根据造型的需要对整体进行做弯、拉枝等处理，确定骨干枝或必留枝，去掉扰乱枝，最后处理其他枝条。

## 一、冬季修剪

落叶果树盆景可从晚秋落叶开始到春季萌芽前进行；常绿果树盆景可从晚秋枝条停止生长到春梢萌发前进行。寒冷地区家庭养殖或生产量较小的果树盆景企业，最适修剪时期是初春解除休眠后至发芽前。由于早春盆土温度上升较快，盆树发根较早，如果修剪过晚，易产生伤流。

### 1. 短截

短截是指剪去1年生枝的一部分。短截程度不同，第2年其生长、发育的差别很大。

轻短截是指只剪去枝条先端的一两个芽，这样有利于促生短枝，提早结果。但是，所留枝条太长，易造成树形过散，从而破坏盆树造型，因此在果树盆景中极少采用。

中短截是指在1年生枝条中部饱满芽处短截，适用于生长势较弱的盆栽果树。新上盆的幼树为增加枝量和整形，可用此法，其截留长度常根据造型需要而定，以后需配合促花措施或整形进行。

重短截是指在1年生枝条下部不甚饱满芽处短截。因此法能有效地控制树冠，促生中、短壮枝，所以苹果盆景、梨树盆景等以中、短枝结果为主的树种多用此法修剪。

### 2. 缩剪

缩剪又称作回缩修剪，是指从枝条多年生部位剪去一部分。此法对整个树体具有削弱作用，可有效抑制树冠扩大。

轻度缩剪是指剪除多年生枝长度的1/5 ~ 1/4，且留壮枝、壮芽带头，可促进树体生长。

重度缩剪是指剪除多年生枝长度的1/3 ~ 1/2，保留弱枝带头，可抑制树体生长。

### 3. 疏剪

疏剪是指从1年生或多年生枝条基部剪除。疏剪可减少树体枝量和分枝，缩小树体和削减生长势，有利于盆栽果树内部的通风透光和花芽分化。由于疏剪所造成的剪口使上下营养运输受阻，可造成剪口以上生长受抑制而易于成花，而剪口以下对生长有促进作用。

疏剪多用于成型树的中长枝、过密枝、冠内细弱枝、过直过旺枝和影响树形而难以改造利用的枝条。

### 4. 拉枝

拉枝是将旺长和不易成花的枝条拉大开张角度，以改变其极性位置和先端优势，从而控制旺长，促进成花。

各种修剪方法要合理应用。修剪时，要认准花芽、花枝以及预计的成花部分，尽量使结果部位紧靠主干和主枝，使全树丰满紧凑。初结果的树往往花芽数量较少，应尽量保留利用。经一年结果之后，树势即可缓和，成花量亦即增多。花量较大时，可疏除部分花芽，使之按造型的需要合理分布。

冬季修剪常与换盆相结合。由于在换盆过程中对根系进行修剪时伤根较多，地上部分修剪亦需相应加重，最好在秋季落叶后进行，以提早恢复根系，待春季萌芽时已发生大量新根，当年的生长发育完全正常。

## 二、夏季修剪

盆栽果树在生长季节修剪，去掉了部分枝条和叶片，便减少了有机营养的合成。同时，由于修剪刺激会造成再度萌发，加大了养分的消耗，因此对树体和枝梢生长有较强的抑制作用。所以夏季修剪量宜少，应针对旺树、旺枝、难以成花及一年内发生多次生长的树种进行。

### 1. 摘心

摘心即对尚未停止生长的当年生新梢摘去嫩尖。摘心具有控制枝条生长、增加分枝、有利成花的作用。摘心不宜太早，否则所留叶片过少，会严重削弱树势和枝势，如桃于5月中上旬，苹果、梨于5月中下旬连续摘心两三次，对促进成花有利。果台副梢摘心，可提高坐果率。

### 2. 扭梢

当年生直立枝在长到10cm左右、下半部半木质化时，用手扭弯180°，可使其先端垂下或垂斜。枝条木质部及韧皮部受伤和生长极性的改变，有利于缓和生长势而促进植株形成花芽。此方法于5月下旬至6月上旬在苹果盆景上应用，效果较好。

### 3. 环割

生长季节在枝干的中下部用刀环状割一圈或数圈，深达木质部，但不剥皮。由于伤口阻碍了养分的上下运输，可起到缓和树体生长、促进成花的作用。多刀环割的间距一般在10cm左右。为了促进植株形成花芽、成好花，常用三次环割法。

### 4. 疏枝和抹芽

生长季节疏枝对整个树体生长具有较大的削弱作用，仅在过密的旺树上施用。桃、葡萄等部分果树的萌芽力和成枝力均很高，且一年内会多次生长，故应疏除部分过密枝。为避免浪费养分、削弱树势，疏枝宜早进行，也可提早进行抹芽和除萌。

此次修剪的目的主要是定花、定果。如花枝过多，可部分疏除或基部留叶芽剪除。每个枝条所留花芽的数量不应一概而论，大果型不超过3个，小果型可视其强弱程度、着生部位及整体造型适当多留。

## 三、出圃前修剪

秋季果树盆景硕果满树，但有些枝条的方向、长度、位置均不太适宜，会影响盆树的整体造型。因此，在作为商品或展品出圃之前，应对这样的枝条予以短截或拉枝，以提高观赏价值。此外，由于盆树较小、结果较集中，有些果实被叶片遮掩时，可适当摘除部分叶片，以前部果实充分暴露、后部果实显露一半为宜，摘叶过多，反而失去自然的效果。

## 四、注意事项

在整形修剪时期，树种不同，修剪的时期也不同。如桃、葡萄等果树自萌芽开始一年内需要多次进行修剪，每次目的不完全相同，处理方法也有所偏重。又如苹果、梨等树种的修剪应集中在5月下旬至6月上旬进行，但摘心、环割等可多次进行。

果树盆景栽培的成败，控冠整形技术起着关键性的作用。可通过矮化中间砧和短枝型品种的有机结合，加上早果促花技术的应用如环割、抹芽、摘心、拉枝等，适当增加负载、回缩等技术控制树冠。也可通过化控技术，使树体矮化，在生长期叶面喷布2~3次矮壮素、多效唑等植物生长抑制剂，使其枝条粗壮，节间变短，植株矮化。

## 第六节
# 管理技术

## 一、施肥

盆栽果树由于根系生长受到限制，其吸收的营养远远不能满足果树的生长需要，因此要特别注重肥水管理。施肥应以有机肥为主、速效肥为辅，原则是少施多次，并结合根外追肥。

不施浓肥。盆栽果树的营养面积小，如果施肥浓度过大，或一次施肥量过多，会造成反渗透，导致果树叶子萎缩，果树植株死亡。施肥时，一般应掌握"使用薄肥、每次少量、多次施用"的原则。

### 1. 有机肥

有机肥的养分丰富，肥性柔缓、肥效长，最适于盆栽果树。将有机肥作为追肥，传统的做法是用水浸泡，腐熟发酵。但在制作过程和浇灌时会发出恶臭，影响环境，家庭不宜使用。家庭培育果树盆景可用油粕饼类作为干追肥。具体做法：把油粕饼粉碎，掺入腐殖土20%，保持潮润放入密闭的塑料口袋中，放在阳光下，经2～3个月充分发酵腐熟，无异味，可撒布于盆内。任何季节追施，均较安全卫生。

### 2. 无机肥

无机肥又称作化学肥料。无机肥料肥效快，但其养分单一，可多种养分混合制成一定浓度的营养液，无机肥一般多与有机液肥配合，作为某种营养元素的补充或单独作为叶面喷肥施用。

施用化学肥料必须严格掌握施肥浓度。盆栽果树对追肥浓度的适应范围比较大，但施肥浓度偏高时，会对盆树造成伤害，因此应以淡肥勤施为原则。化学肥料的追施浓度以1～5g/L为佳，最少间隔期不少于7d。一般5年生以下的幼年果树，每次施用量为0.05～0.25kg/盆；5年生以上的结果盛期果树，每次施肥0.5～1kg/盆。

### 3. 根外施肥

叶面喷施尿素溶液、磷酸二氢钾溶液的浓度为3～5g/L，过磷酸钙浸出液的浓度为20～30g/L，草木灰浸出液的浓度为20～50g/L，硼酸或硼砂溶液的浓度为2～3g/L，硫酸亚铁溶液的浓度为2～5g/L，硫酸锌溶液的浓度为3～5g/L。

## 二、浇水

盆栽果树生长期要保持盆土有一定湿度，干后要及时浇水，但也不宜过湿。浇水要掌握"见干见湿、浇则浇透"的原则，也就是看盆土发干变白时浇水，浇至水从盆底渗出为止。因为盆内土壤既要含有树体生长所需的养分和水分，又要含有根系呼吸所需的空气。若经常浇水过多或每次浇水间隔时间过短，土壤的孔隙长时间被水分充塞，空气大量地被排出土外，将会严重影响根系的呼吸和生长，而出现涝害，甚至烂根死亡。相反，若每次浇水时不浇透，呈"半截水"状态，下半部盆土经常不见水而变得干硬，其内的根系会干枯死亡，造成树体衰弱。一般夏天早晚各浇水1次，秋天隔天浇水1次，休眠期要严格控制浇水，以盆土不过干为度。

## 三、换盆

因盆土中的养分在频繁的浇水中被淋洗掉，所以盆栽果树在生长2～3年后，盆土中的养分已严重匮乏，这时就需要及时倒盆。

（1）树体植株大，原有的盆土已不适合植株生长的要求，必须扩大盆土容积，提高根系吸水面积时，需要换上较大的盆。

（2）树体年龄较老，根系在盆内交叉生长，互相拥挤，盘根错节，将影响新根生长，使果树吸收养分的能力显著减弱，这时需进行换盆，加上适当的培肥管理及对根系作适当修剪，可使根系复壮更新，增强树体生长结果。

（3）原有盆土经植株长期选择，吸收矿物质养分后，使植株呈现缺素症状，或盆土物理性质变劣，透气性变坏，使植株生长不良，这时可利用原盆更换培养土。

（4）发现根系部分有病虫害时，进行根系修整，结合病虫害防治进行换盆。

换盆在春季、秋季均可进行。秋季换盆在盆栽果树秋梢停长以后，根系出现第3次生长高峰之前进行；春季，落叶果树在根系第1次开始生长前进行换盆；常绿果树一般在夏季进行。

换盆的方法应以不伤根或少伤根为原则。具体操作方法以盆大小而定，盆径小于40cm的，换土时可用左手握住植株基部，右手轻拍盆壁，然后将盆脱开，双手将植株连盆土拔起。如果容器较大或木桶栽植，最好在2d前浇透水，然后用绳束缚树冠，小心横倒缸桶，轻拍缸壁，使盆土与盆壁分离。然后一人用双手紧握缸口，另一人用力拔出植株。然后用利刀削去土团外围2~3cm厚的旧土和根系，再把配好的营养土放入新盆中，把带土果树放入后加足营养土，压实并浇足水。

## 四、修根

盆栽果树生长几年后，根系老化，密集拥挤，为了保持果树的旺盛生长，每隔1~2年结合换盆进行修根。先清理土球，可用竹片轻轻剔除周围旧盆土，然后剪除沿盆壁生长的卷曲根，换上培养土，以复壮根系。大型种植箱一般不换盆，结合秋施基肥，切断部分根系，有利于来年新根大量发生。

## 第七节
# 花果管理

一些果树虽能自花授粉结果，但大多数树种和品种必须异花授粉才能提高坐果率。能自花结果的品种，也是异花授粉的坐果率高。作为观赏的盆栽果树，如果失掉授粉时机，坐不住果，则很难以果成形。

## 一、开花与授粉

北方果树多于春季开花，其中杏树、李树、桃树开花较早，梨树、苹果树、山楂树次之，葡萄、柿子树、枣树开花最晚，而且同一树种的不同品种其开花时间亦有早晚之别。大部分果树主要靠昆虫传粉，有的树种可以自花授粉结果，如桃、李、杏的大部分品种；苹果、梨的大部分品种具有自花不实性，需不同品种间的花粉进行异花授粉才能结果。所以，盆栽果树应重视人工授粉工作。

1. 对花授粉

对于数量较少的盆栽果树，可以采取对花授粉措施，即把开放的雄花花药直接对住雌花柱头，进行授粉。

2. 授粉器授粉

这是目前最流行的授粉方法。利用电池带动小风机，将混合好的花粉均匀送出喷嘴，对准雌花不停地移动进行授粉。

3. 一树多嫁接

为更加便于盆栽果树的养护，生产中最好能在一株树上嫁接两个以上的品种，这样既能省去授粉的环节，又能提高果树的观赏价值。

## 二、保果技术

多数果树有生理落果现象，其落果的程度因树种、品种、树势、营养和气候的不同而异。盆栽果树的花朵数量有限，必须注意提高坐果率。除安排好授粉工作外，还需要采取提高坐果率的措施。

1. 花期喷硼

硼是果树不可缺少的微量元素，在花期喷硼能促进花粉发芽、花粉管生长、子房发育、提高坐果率。花期和幼果期喷硼砂1～2次，有促进受精、保花保果的作用。硼的喷施浓度为2g/L，配施2g/L的磷酸二氢钾效果更好。

2. 合理留果

及时疏除过多的花和果，可节省养分，保持树势及减少落果。疏果应在生理落果之后进行。留果量要根据树种、品种、树势及果实大小灵活掌握，要达到观赏的要求，不能单纯追求果实数量，以达到以果成形的目的。

对花芽量大，坐果多的盆景，要进行严格的疏花疏果工作。

3. 套袋贴字

为提高果实品质和盆栽果树的观赏价值，可将果实套袋，并在果实成熟前15～30d进行贴字、贴花。

## 三、精心修剪

于花期和生理落果期进行环剥、环割和摘心，来调节养分的分配。

## 四、肥水管理

春季开花的果树，其开花、授粉以及幼果的前期发育所需养分，都是前一年形成并储备的。因此，秋季应加强肥水管理，保护好叶片，抑制旺长，以提高树体储备营养的水平。

萌芽前和花前追施以氮为主的液肥或速效化肥，花期及时喷施复合氮、磷、钾等多种营养元素的肥，以满足其营养需求。

如果供水不足，对果实发育的影响明显，严重时可造成果实失水皱缩，甚至脱落。因此，应十分重视水分的供应。

# 第八节
# 病虫害防治

及时有效地防治病虫害，是盆栽果树能够健康生长和具有观赏价值的保证。

盆栽果树与露地果树相比，具有以下优点：

（1）盆栽果树生长在容器内，每盆的根系是独立的，不存在露地果树根系与根系之间的交叉感染。

（2）盆栽果树树体矮小，有利于病虫害的早期发现和全面、彻底的防治。

（3）盆栽果树的摆放场地、越冬场所不尽相同，因此减少了在果园内外越冬的病原物及害虫对果树的危害概率。

盆栽果树病虫害防治大致与露地果树相同。其基本防治技术可归纳为农业综合防治、物理措施、生物技术及化学药剂防治四大类。在防治上要坚持"预防为主，防治结合；物理防治为主，化学防治为辅"的原则。

## 一、盆栽果树常见病害及其防治技术

### 1. 干腐病

干腐病主要危害果树的主干、侧枝和树杈、小枝等处，病斑形状不规则。发病初期发病部位为红褐色，呈水渍状，组织松软，皮层腐烂，用手挤压会流出黄褐色的液体。发病后期病斑干裂凹陷，呈现黑褐色，组织较硬，表面上有瘤状黑色小颗粒，天气潮湿时，发病部位会滴出黄色丝状物。该病可致树木枯死，6～8月为此病发病高峰期。

其防治方法为合理修剪，正常浇水，追加有机肥，以便增强树势。发现有病斑时，彻底刮除病斑，消毒并治疗病部。用3～5°Bé石硫合剂、拒腐灵等涂抹于伤口处。

### 2. 黑斑病

黑斑病是果树盆景重要的病害之一，主要危害果树盆景的新梢、叶片和果实。新梢受到侵害，有淡褐色或黑褐色圆形病斑，易折断。叶片受到侵害，新叶先发病，呈褐色圆形斑点，斑点逐渐扩大，形成黑褐色病斑，后期病叶变焦、干枯、脱落。幼果染病，果实里会出现一个或多个黑色斑点，斑点逐渐扩大，颜色慢慢变浅，形成浅褐色病斑。

发病后期，病果形状畸形，出现龟裂。若果实成熟时染病，前期症状与幼果相似，但病斑较大，呈黑褐色，后期果实腐烂脱落。该病一般于每年4月开始发病，嫩叶最容易受到侵害，大风多雨季节更容易传播。

其防治方法为加强果树盆景管理，合理施肥，增强树势，提高树体抗病能力。重病树要重修剪，在果树落叶后至萌芽前，将有病的枝条剪除烧毁。发病初期，可以喷布200g/L多菌灵可湿性粉剂300~500倍液，每隔5~7d喷布1次，连续喷布3~5次。一般可于每年5月初喷药预防该病的发生，可以交替使用700g/L甲基托布津可湿性粉剂1000~1500倍液，或500g/L扑海因可湿性粉剂1000~1500倍液，或500g/L多菌灵可湿性粉剂800~1000倍液，或750g/L百菌清可湿性粉剂1000倍液等。每隔15~20d喷布1次，连续喷布3~5次。

### 3. 霉心病

霉心病主要危害果实，造成果心腐烂、果实早期脱落。果实发病后，外观症状不明显，不易被发现。果心为淡褐色，充满粉红色或灰绿色霉状物，从果核中心逐渐向外发霉腐烂，果肉味苦，不能食用。幼果若受害严重，会引起果实早期脱落。若果实接近成熟时受害，果实表面发黄，形状不整齐。该病一般于4月初开始传播。

防治方法为加强盆景管理，发现病果及时摘除，减少发病源；加强肥水管理，合理修剪，改善通风透光条件，增强树势。春季萌芽前喷布3~5°Bé石硫合剂，可减少越冬病源。一般可于开花前喷药预防该病的发生，可以交替使用500g/L多菌灵可湿性粉剂1000倍液，或700g/L代森锰锌可湿性粉剂500~600倍液，或700g/L甲基托布津可湿性粉剂1000倍液等。每隔15~20d喷布1次，连续喷布3~5次。

## 二、盆栽果树常见虫害及其防治技术

### 1. 桃小食心虫（俗称桃蛆）

桃小食心虫主要危害苹果、梨、桃、杏、枣等多种果树的果实。一年一代，以老熟幼虫在树下土壤中越冬。幼虫桃红色，钻入果内纵横取食，入果孔小，黑色，出果孔大，粪便排于果内，如"豆沙馅"，虫道弯曲，入果心深处，被害果呈畸形。

防治方法：

（1）土壤处理　越冬幼虫出土前，可在树冠下地面喷布500g/L辛硫磷乳油200倍液或500g/L二嗪农乳剂400倍液，并可采用地膜覆盖树盘灭虫。

（2）树上喷药　成虫产卵盛期，当卵果率达1%时，喷布200g/L氰久合剂可湿性粉剂1000倍液，或500g/L辛硫磷乳油1000倍液，2~3次可杀死虫卵和孵化幼虫。

### 2. 桃蚜

桃蚜主要危害桃、杏、梨、苹果等果树的叶片。桃蚜一年10余代，以卵在树体的芽鳞、树杈、树缝中过冬。3~4月卵化，若虫呈深绿、黄绿或淡红色，分有翅胎生蚜和无翅胎生蚜；5~6月随气温升高，繁殖快，数量大，危害严重。叶片被刺吸汁液后向背面卷曲、皱缩、条斑坏死，早期脱落，新梢停长，使树势衰弱，影响产量和果实品质。

防治方法：

（1）冬、春季刮除老树皮并涂白。

（2）春、秋季虫害大发生前喷布500g/L辛硫磷乳油3000倍液，或250g/L氧乐菊酯乳油3000倍液等，连续2~3次，均有良好效果。

3. 红蜘蛛

红蜘蛛主要危害苹果、梨、山楂，还可危害桃、杏、樱桃等果树的叶片，一年7~9代。红蜘蛛以受精雌虫在主干和主侧枝的老皮下及落叶下或近树干的土缝中越冬。春季萌芽期上树成害并产卵，7~9月快速繁殖，危害严重，虫体很小，呈红色或暗红色，大量聚集在叶片背面产卵，若虫期吸叶片汁液，受害果树叶片像火烧一样枯黄，严重的叶片焦枯，大量脱落，会影响树势和产量。

防治方法：

（1）虫季清洁果园，扫除落叶、落果和杂草，彻底刮除老皮，同时将根际附近10cm深处挖出深埋，树干涂白，消灭越冬成虫。

（2）开花前喷布0.5°Bé石硫合剂，落花后7~10d再喷布1次200g/L双甲脒1500倍液或100g/L达螨灵可湿粉剂2000~4000倍液。

（3）6~7月虫害大面积发生前，重点喷布200g/L螨死净3000倍液。或者秋末在树干上绑草把，诱集越冬成虫移居其内过冬，待第2年春季将其取下烧毁。

## 第九节
# 越冬防寒

### 一、盆栽落叶果树的越冬管理

落叶果树是秋末落叶第2年春天又萌发的一类果树，如苹果、梨、桃、葡萄、核桃等，能耐冬季低温。

在0~7.2℃条件下，各种盆栽落叶果树需要200~1500h的积温时数，只有满足了它的需冷量，才能正常生长和结果。不同树种需冷量不同，如桃树需冷量450~1200h，杏树为500~900h，李树为800~1000h，甜樱桃树为1100~1440h，梨树为1200~1500h等。积温时数不足时，常表现为发芽晚，开花少且花落晚，枝条节间不伸长；花芽内变褐，干瘪僵芽，易脱落，可影响果实发育；果个小、品质差，降低了盆树观赏性。所以，盆栽北方果树需要合适的条件来完成休眠，才能保证第2年正常开花结果。

秋季果树落叶后至第2年春天萌芽前，是落叶果树的自然休眠期。果树在此期间仍然进行着极微弱的生理活动，完成某些物质的转化及生理变化，为第2年的正常生长发育作准备。因此，如何使盆树安全越冬就极为重要。盆栽落叶果树安全越冬的关键是温度和湿度（土温0~7℃，盆土微湿不干旱即可）。

### 1. 开沟埋土防寒越冬

入冬前，在盆景培育场内按东西方向进行开挖沟槽，长度以盆栽果树多少来确定，宽度以并排摆放两排盆树为宜，深度比盆高稍深。盆栽果树浇透水后摆入沟内，盆间周围孔隙用土埋实，并适当浇水，浇水量以土壤湿润但无积水为度。在沟北侧设置防风障起挡风作用。寒冷地区可在盆面覆土前再加盖一层树叶或碎秸秆。用此法越冬一般不需给盆土补水。早春土壤解冻后要及时撤除风障及覆盖物，搬出盆树，检查盆土墒情及时浇水。

### 2. 地窖贮藏越冬

入冬前将盆栽果树浇透水后，摆放到地窖内，摆放时要留出通道，便于查看墒情和补水，也可在盆间填充湿沙，以利于盆土保墒、减少浇水，更有利于防寒越冬。春天注意观察，发现芽体萌动时，应及时搬出盆树。

### 3. 贮藏室越冬

城镇居民少量观赏栽培果树盆景时，冬季可利用贮藏室存放，存放时盆树要浇透水。温度若降至0℃时，用旧报纸、杂草等物将盆包裹防寒，外层用塑料布包扎，最好用一个大塑料袋把盆树整体罩住，有利于避免抽条。注意查看盆土墒情，适时补水。

## 二、盆栽常绿果树的越冬管理

常绿果树，是树叶寿命较长，三五年不落叶的一类果树，如柑橘、橙、柠檬、香蕉等，主要分布在热带和亚热带。

常绿果树需要的最低温度较高，一般常绿果树所需最低温度在15℃以上，因此北方地区盆栽常绿果树越冬时，需移至日光温室或连栋温室内。移进或移出时间根据当地气候决定。当外界气温低于18℃且温度持续下降时，应将盆栽常绿果树移至日光温室或连栋温室内，并进行正常管理。当外界气温高于18℃且温度持续上升时，可将盆栽常绿果树移出日光温室或连栋温室，纳入正常管理。

第二章

# 落叶果树盆栽技术

## 第一节
# 蓝莓盆栽技术

蓝莓别称蓝梅、笃斯、笃柿等，为杜鹃花科越橘属低灌木。蓝莓果实中含有丰富的营养成分，不仅具有良好的营养保健作用，还能够防止脑神经老化、强心、抗氧化、软化血管、增强机体免疫力等功能，有"水果皇后"的美誉。盆栽蓝莓，具有观花赏果与品尝体验的多重优点。

## 一、品种选择

蓝莓品种分为三大类，即矮丛蓝莓、半高丛蓝莓、高丛蓝莓，高丛蓝莓又分为北高丛蓝莓和南高丛蓝莓。矮丛蓝莓为野生种，原产于中国黑龙江一带。半高丛蓝莓一般树高50~100cm，果实比矮丛蓝莓大，抗寒力强，一般可抗-35℃低温，因此可在我国北方露地栽植，其优良品种有北陆、北村、北蓝等。北高丛蓝莓一般树高1~2m，果实品质优良，是大量栽培的种类；北高丛蓝莓喜冷凉气候，抗寒力较强，有些品种可抵抗-35~-30℃的低温，休眠期需要低温的时间较长，一般要求低于7.2℃的冷温需冷量为800~1200h，个别品种需冷量在600h以上即可；主要优良品种有蓝丰、爱国者、埃利奥特、陶柔。南高丛蓝莓树体略小，一般树高1~1.5m；冷温需冷量比较低，一般要求低于7.2℃的冷温需冷量为200~400h；单从需冷量来看，在其他条件适合的情况下，南高丛蓝莓的一些品种能进一步向我国南部地区发展，最南端可以扩展到广东、广西地区；主要优良品种有佛罗达蓝、夏普蓝等。

我国幅员辽阔，各地盆栽蓝莓可因地制宜、因需制宜选择品种。

## 二、育苗技术

蓝莓扦插育苗是主要的繁殖方法。蓝莓扦插有绿枝扦插（有叶的绿枝，主要是初夏的枝条，适于初夏扦插）和硬枝扦插（没有叶的休眠枝，主要是冬天的枝条，适于春季扦插）。扦插方法要因品种而异，高丛蓝莓一般采用插硬枝扦插，对于矮丛蓝莓来说，绿枝扦插和硬枝扦插方法都可以使用。

## 三、上盆移栽

### 1. 选盆
建议用透气好的瓦盆，其次宜用沙盆，再其次用塑料盆，不建议用陶盆或瓷盆。

第1年、第2年用内径30～40cm的盆，之后随着树苗的长大，可换成40～60cm的盆。

### 2. 盆土配制

蓝莓喜酸性、松软、疏松透气、富含有机质的土壤，一般要求土壤pH为4.5～5.5，土壤有机质含量为8%～12%。盆栽蓝莓可选用花市售卖的常见腐殖土，再加入腐苔藓或草炭、木屑、腐烂的松树碎皮等有机质。此外，还要加入硫磺，一月一次，每次20～40g/盆（视盆大小），并与盆土混合，施肥也应注意施用酸性肥。

### 3. 栽植

一盆一株。栽前将所有侧根重新剪出新茬，并用生根粉进行浸根，以提高成活率。栽后浇透水。

## 四、整形修剪

整形修剪是保障蓝莓生长结果的重要一环，修剪的目的与作用是调节生殖生长与营养生长的矛盾，解决树体通风透光问题，增强树势，改善品质，增大果个，提高商品果率、延长结果年限和树体寿命。

幼树定植后1～2年就有花芽，若开花结果会抑制营养生长。幼树期是构建树体营养面积的时期，栽培管理的重点是促进根系发育、扩大树冠、增加枝量，因此幼树修剪以去花芽为主。定植后第2年、第3年春，应疏除弱小枝条。第3年、第4年应以扩大树冠为主，可适量结果。一般第3年株产应控制在1kg以下，4年生树花芽选留100～150个，产量控制在1kg左右。

## 五、肥水管理

### 1. 施肥

蓝莓属于寡营养植物，与其他果树相比，树体内氮、磷、钾、钙、镁的含量很低。因此，蓝莓施肥中要特别注意防止过量，避免肥料伤害。

蓝莓在定植时，土壤已掺入有机物，所以蓝莓施肥主要指追肥而言。追肥切忌大肥，一般用的是含量为1∶1∶1的氮磷钾复合肥或硫酸铵2000倍液。

蓝莓嫌钙，所以在栽植中要注意远离含钙的东西，如一些人常往花盆中放的鸡蛋壳。

### 2. 浇水

蓝莓根系分布较浅，对水分缺乏比较敏感，应保持盆土湿润而又不积水。蓝莓不同生长时期其需水量也有区别。在营养生长阶段可以始终保持最适宜的水分条件，从而促进植株强壮，而在果实发育阶段和果实成熟前必须适当减少水分供应，防止过快的营养生长与果实争夺养分。果实采收后，恢复最适宜的水分供应，可促进营养生长。中秋至晚秋减少水分供应，有利于植株及时进入休眠期。

为了维持土壤酸性，建议施用3～5°的醋500mL/日，混入水中一起浇。

## 六、花果管理

蓝莓的保花保果措施主要是加强光照管理。蓝莓对光照的需求与其他植物一样，是必不可少的。相对比而言，同一品种，光照强度不够的话，产生的花芽会少，果实质量降低。适当的修剪，有利于光合作用的进行。阳台盆栽蓝莓，光照条件较好，但是应注意通风。

## 七、病虫害防治

蓝莓主要病虫害有蛀干类天牛、蛴螬，食叶类刺蛾，以及叶片失绿症、叶枯病、僵果病等。防治方法应以农业防治和生物防治为主，避免病虫害蔓延。

## 八、越冬防寒

盆栽蓝莓保证结果的非常重要的因素，是要保证冬季蓝莓经受-7.2℃以下低温休眠，忍受最低温度视品种不同而不同。

蓝莓矮丛和半高丛抗寒力较强，但由于各地低温情况不同，极端天气的出现仍可导致冻害发生，其中最主要的是露天越冬枝条末端和花芽的冻害发生，有的甚至整株冻死。因此，在寒冷地区，蓝莓露地盆栽，越冬保护也是提高产量的重要措施。

## 第二节
# 钙果盆栽技术

钙果为我国稀有的野生植物树种，因其果实和茎叶中钙元素含量很高得名。它与俄罗斯大果沙棘、美国蓝莓一道并称为世界三大珍稀保健水果。钙果经我国著名果树专家杜俊杰教授率先研发，杜教授历经20多年潜心研究，在广泛收集资源的基础上，培育出了一大批适合人类食用和加工的"农大系列"钙果新品种。

## 一、品种选择

### 1. 钙果3号

鲜食品种，株高0.3～0.5m，花为白色，平均果重5.5g，果实圆形，外观黄色，向阳面呈微红或红色，果肉呈黄色、厚、脆、汁多、味甜、无涩味，黏核，坐果率高，8月底至9月上旬成熟，可食率达到93%，丰产性强，4年生果树株产1.5kg。

### 2. 钙果4号

鲜食品种，株高0.3～0.5m，花为粉红色，平均果重6g，纵横茎177～223cm，果实扁圆至圆形，外观呈红色或暗红色，果肉红色、厚、脆、硬、味甜、无涩味、汁少，离核，坐果率高，9月上旬成熟，可食率达到94%，可丰产，4年生果树株产果0.8kg，植株抗黄化。

### 3. 钙果5号

鲜食品种，株高0.4～0.6m，花为白色，花朵较其他品种大。果实圆形、个大，平均果重10g，外观呈黄色，肉呈黄色、汁多。1年生枝呈灰白色，新梢呈浅绿色。果实8月中、下旬成熟，10月底落叶。自然授粉坐果率40%，株产1.2kg。

## 二、育苗技术

### 1. 播种育苗

采集成熟果实，调制出的种子晾干，在阴凉通风处贮藏。于元旦前后进行层积处理。3月初当种子有15%破壳露芽时即可播种。采用穴播，行距40cm，株距15cm，每穴3粒，覆土3～4cm然后用地膜进行覆盖，出苗率可达85%以上。

### 2. 绿枝扦插育苗

于5月上旬选择优良单株，采集当年生半木质化、粗度0.4cm以上的插条，长度8～10cm，采集对切口为上面平口、下面斜口，采后立即去叶，只留上部1～2片小叶，可用ABT1号生根粉200～300倍液浸泡基部20min。选用干净的河沙作为基质，扦插株行距5～8cm。插完后精心管理，当年可长30～40cm，第2年即可开花。

### 3. 埋根育苗

在落叶后至发芽前均可进行。最好于冬初挖取0.5～1cm粗的根，剪成15～18cm长，50根一捆，系上品种标签，进行沙藏，于第2年2月下旬至3月上旬进行埋根，株行距15cm～35cm，上端与地面平，埋后浇透水，然后盖地膜，可增温保湿，提高出苗率、成苗率。

### 4. 分蘖育苗

钙果根蘖苗多，可于春季芽萌动前挖出根蘖苗归圃。

### 5. 嫁接育苗

钙果生长慢、枝条细，嫁接多采用生长一年的苗子，于早春采用枝接法。

## 三、上盆移栽

### 1. 选盆

建议用透气好的瓦盆，其次宜用沙盆，再其次用塑料盆。第1年、第2年用内径30～40cm的盆，之后随着树苗的长大，可换成40～60cm的盆。

### 2. 盆土配制

为使钙果树苗生长良好，基质可用草炭、蛭石以2∶1比例配制，$1m^3$基质加入有机肥3~5kg，并混合均匀。

### 3. 栽植

钙果苗木根系最好进行修剪，将所有侧根重新剪出新茬，对长于30cm的根系短剪至20~25cm。栽后用生根粉进行浸根，可提高成活率。落叶苗最好在春季芽未膨大前栽植，这样能保证当年有部分挂果。栽后浇透水。

## 四、整形修剪

采用丛状整形。丰产的欧李株丛应有各类结果枝10个左右，其中基本枝7~8个，2年生枝2~3个，每年选留10~15个枝作为更新枝。定植后，每枝留20cm短截，当年可萌发3~5个基本枝和7~15个二次枝，使第2年形成大量花芽开花结果。对2年生枝上的二次枝，疏除过密细弱枝，保留粗壮的二次枝长放结果。第3年进入盛果期，基本枝和上年短截的2年生枝上的侧枝生长健壮，能形成大量花芽。盛果期修剪的目的是保持株丛的旺盛生长和丰产稳产，方法是及时更新复壮。具体措施：一是培养和保持株丛不同年龄的长放结果枝有10个左右；二是疏除多余的基本枝和2年生枝上过密的弱枝以及衰老的2~3年生枝；三是每年注意选留和培养新的基本枝10~15个作为更新枝，其余疏除。

## 五、肥水管理

### 1. 施肥

钙果一年中有3个需肥关键时期：春季萌芽前后，以氮肥为主；新梢旺长和幼果膨大期施氮、磷、钾复合肥，可促使新梢生长和幼果膨大；7月底至8月初，在果实最后一次生长高峰前施肥，以磷、钾肥为主，可加速果实膨大；9月果实采收后，秋施1次有机肥，可在有机肥中掺入适量硫酸亚铁，以满足果实对铁的需要。

### 2. 浇水

钙果适应性强，抗旱，除每次施肥都要结合浇水外，不必额外浇水。

## 六、花果管理

钙果易成花，一般基本枝从基部第3节起往上均可开花结果，每节可开2~8朵花，大部分有花3~5朵，因此花太多，需疏掉一些花蕾或花朵，保持30~40cm的健壮枝有果25个左右（2个枝），15~20cm的中等枝有果10个左右（5~10个枝），较弱的枝有果5个左右（10个枝）。每株总有果150~200个，株产1~1.5kg。

## 七、病虫害防治

钙果的病虫害较少，可在发芽前喷布3°Bé石硫合剂1次，虫害主要是蚜虫，一般用25g/L高效氯氟氰菊酯或吡虫啉就可防治。

## 八、越冬防寒

钙果原产于北方，耐寒，冬季将盆栽钙果移至背风向阳处即可。

# 第三节
# 黑枸杞盆栽技术

黑枸杞即黑果枸杞，属于茄科枸杞属多年生灌木，浆果球形，皮薄，皮熟后呈紫黑色。黑果枸杞，味甘、性平，富含蛋白质、枸杞多糖、氨基酸、维生素、矿物质、微量元素等多种营养成分，还含有丰富的黑果色素——天然原花青素（OPC，红果枸杞不含），其原花OPC含量超过蓝莓，是迄今为止，发现OPC含量最高的天然野生植物。OPC是最有效的天然水溶性自由基清除剂，其功效是维生素C的20倍、维生素E的50倍。因此，黑枸杞被誉为野生的"蓝色妖姬"。

## 一、品种选择

黑枸杞目前只有一个品种。

## 二、育苗技术

### 1. 扦插繁殖
萌芽前，选取优良单株前一年生徒长枝或粗壮、芽子饱满的枝条，剪成18～20cm长插条，将2/3插条斜插入整好的畦中，然后压紧、踏实、浇水，经常保持土壤湿润，植株成活率为85%～90%。

### 2. 种子繁殖
播种前把贮藏的种子用40℃温水浸种24h以提高发芽率。播种期在3月下旬至4月中旬。条播按行距30cm开沟，沟深0.5～1cm，种子掺些细沙混匀，均匀地播入沟内，稍覆细沙，轻镇压后浇水、应保持土壤湿润，每隔1～2d小水浅灌1次，温度为17～21℃

时，5~7d可出苗，然后进行正常管理。

### 三、上盆移栽

**1. 选盆**

黑枸杞宜用稍深的釉陶盆，亦可用紫砂陶盆，形状则因树而定，悬崖式则宜用千筒盆，一般曲干式、提根式多用中深的长方形、圆形或椭圆形的盆。

**2. 盆土配制**

黑枸杞对土壤要求不严，适宜排水良好的沙质壤土。盆栽可用腐殖土或田园土掺沙土。

**3. 栽植**

栽植以春分前后上盆为好，栽前可进行一次整形修剪，并将过长的根截短，盆底可施基肥。

### 四、整形修剪

**1. 自然半圆形树形**

树冠直径较大，基层有主枝3~5个，整个树冠由基层与中心干顶梢组成。下层冠幅100cm左右，上层冠幅50cm左右，树高180cm，树冠成半圆形。

**2. 自然基部开心形树形**

树冠宽而矮，基部有主枝5~7个，呈开心形分布，冠幅直径60~80cm。树冠成伞状开心形。

每年春季可剪去上年枝条，平时可随时剪除枯枝、病枝及密枝，保持一定的树形。

黑枸杞老桩盆景，一般宜制作成曲干式或悬崖式，小枝则宜扎成下垂状。提根造型可制作成过桥式。

### 五、肥水管理

黑枸杞原为野生，适应性极强。

**1. 施肥**

要薄肥勤施，夏初与秋初结合摘叶，可各施1次稍浓的肥，以促其生出新叶及花蕾。萌芽前和结果后可适当施肥，使果实硕大，植株健壮。

**2. 浇水**

平时保持盆土湿润，但不宜积水，在开花结果期，要注意浇水适量，防止过干或过湿。

**3. 翻盆**

每隔1~2年进行一次，翻盆时间宜在初春。翻盆时，去掉1/2旧土，换上疏松而富含腐殖质的培养土，剪去枯根及部分过长的老根。

## 六、花果管理

盆栽黑枸杞宜放置于阳光充足的场所，若置于阴处，则不利于植株开花结果。夏季，植株应避开直晒；冬季，植株能耐寒，连盆埋于土中即可。

## 七、病虫害防治

盆栽黑枸杞病虫害有蚜虫、枸杞负泥虫、枸杞白粉病、煤烟病等，可用1g/L吡虫啉药液和1g/L多菌灵药液等药剂喷雾防治。

## 八、越冬防寒

黑枸杞在中国甘肃酒泉、青海西部、宁夏、新疆、黑龙江省桦南县东部、内蒙古西部和西藏等地皆有零星分布，它生长在人类无法生存的荒山野岭、河床沙滩，拥有着极强的生命力，因此其越冬无需格外管理。

# 第四节
# 草莓盆栽技术

草莓属多年生草本植物，株型矮小，叶形独特，病虫害少，花白果红，味甜芳香，具有较高的经济价值和观赏价值，可净化空气和美化环境，丰富人们的情趣。

## 一、品种选择

盆栽草莓，主要用于室内观赏，其次还可用于品尝。因此，草莓的品种选择，既要考虑其观赏价值，又要考虑其品质，还要考虑其适应性和抗逆性，具有推广价值。

1. 章姬

品种优良，抗病性强，果实个大、味美，颜色鲜艳有光泽。果实整齐呈长圆锥形，果型非常优雅清秀，色泽鲜艳光亮，香气怡人。果肉呈淡红色，细嫩多汁，浓甜美味，在日本被誉为草莓中的极品。

2. 星都1号

果实呈圆锥形，红色有光泽，果肉呈红色，风味甜酸适中，香味浓，一、二级序果平均果重25g，最大果重可达42g。果硬，耐贮运，适宜各地盆栽。

### 3. 丰香

果形为短圆锥形,果面呈鲜红色,富有光泽;果肉呈淡红色。风味甜酸适度,含可溶性固形物8%~13%。汁多肉细,富有香气,品质优。果肉较硬且果皮较韧,耐贮运。

### 4. 巨星一号

草莓果实特大,极耐贮运,产量特高。果实呈圆锥形,鲜红艳丽,外形均匀光亮,芳香浓郁,醇甜不酸。果肉硬度好,果皮韧性强,最大果重可达120g,堪称当今草莓之王。

### 5. 日本一号

"日本一号"是目前日本最新的大果、丰产、优质草莓新品种,而且根系特别发达,长势十分旺盛,几乎无生长衰退期。此品种既耐高温又抗寒,适应性强,抗病性好。

### 6. 红颜

"红颜"是日本两种极为优良的草莓杂交的新品种,父本是"丰香",母本是"章姬",这个新品种兼有父本和母本的共同优点。

## 二、购苗

草莓的育苗技术比较复杂,而且育苗时间也较长。由于盆栽草莓用苗较少,因此盆栽草莓一般不单独进行育苗,而是根据草莓盆栽的数量购苗。也有一些草莓种植户,在大面积种植草莓的同时培育一些盆栽用于出售。

## 三、上盆移栽

### 1. 选盆

盆栽用盆选择内径20~30cm的陶瓷盆为宜。

### 2. 盆土配制

盆土选用腐殖质含量较高的土壤。草莓喜沙性、透气性较好的肥沃土壤。因此,理想的盆土是阔叶林表层的腐殖土。这种土含有机质多,养分多,土壤疏松,吸水排水性好,有利于草莓生长。也可以人工配制营养土,土、肥、沙的比例为1:1:1,即用肥沃的田园土1份,加腐熟的鸡、鸭或羊粪1份、河沙1份;粪、土、沙最好都经压碎过筛,然后加入20~30g/L过磷酸钙混合。配制的营养土装盆前可用3g/L高锰酸钾水溶液消毒。有条件的可适当加入饼肥。在盆底放些碎骨、鱼粉、蹄肩、蛋壳等物质。在盆中土壤的表面铺上一层细石,这样在浇水的时候就不容易把泥土溅到草莓上了。

### 3. 栽植

盆栽草莓一年四季均可种植,但从园地起苗上盆的工序,最好在秋季进行。选择健壮秧苗,起苗时要多带土,摘除老残叶,将苗木根系剪留10cm左右。让根系舒展栽入盆土中。栽植深度以不露根、不埋心为原则。一般一盆栽植3株。土要按实，固定苗位，使土面与盆口保持3~4cm的距离。栽后浇透水，放置于阴凉处3~5d，然后搬到光线充足处。

### 四、整形修剪

盆栽草莓应加强植株管理。一是适时疏蕾、摘叶、摘除匍匐茎，即将无效的高层次花，在花蕾分散期适量疏除。去除老叶、残叶、病叶和多余匍匐茎，以减少养分消耗，提高果实质量。二是架果造型，即用铁丝或竹签做成不同形状的果架，放入花盆。将果穗架起，促使果穗通风透光，果实着色均匀，并防止泥土污染果实，减少病虫危害。同时，也可以利用匍匐茎进行艺术造型，从而提高观赏价值。

### 五、肥水管理

#### 1. 施肥

盆栽草莓一年中可多次开花结果，营养消耗多，所以要加强养分。可用兽蹄、鱼骨、家禽内脏、豆饼等，加水腐熟发酵，沤制成液态肥水或追施复合肥。一般每7d追肥1次。

#### 2. 浇水

室外盆栽，每天早晚各浇水1次。浇水时，应事先将水晒暖再用，切忌直接用井水或自来水浇灌。浇水的时候，注意不要把草莓果实弄湿，因为一旦草莓果实被水溅湿，容易腐烂。

#### 3. 分盆、换盆

草莓会长很多匍匐茎，可以把它剪掉，草莓苗就会壮，草莓也会结果多。如果想再种一盆，就把匍匐茎栽在另一盆中，扎根后将其剪断，就有另外一盆草莓了。

盆栽草莓结果两年后，应在结果后换盆或换盆土。换盆时，先将植株从盆中取出，剪除衰老根、死根和下部衰老根茎，再栽入新的盆土中。

### 六、花果管理

主要技术措施是人工辅助授粉。草莓一年可以开花3~4次，开出花后，可以用软鸡毛或羊毫毛笔的笔头沾花上的花粉，再向花心触碰，促进花蕾授粉，以提高结果率。

### 七、病虫害防治

盆栽草莓的主要病害有灰霉病、白粉病，其防治方法：
（1）选用抗病品种。

（2）及时摘除老叶、枯叶、病叶和病果，减少侵染源。

主要虫害有红蜘蛛、蚜虫。防治方法：

（1）摘除草莓老叶。

（2）防治红蜘蛛、黄蜘蛛应用34%螺螨酯悬浮剂4000～5000倍液（每瓶100mL兑水400～500kg）均匀喷雾，可控制红蜘蛛、黄蜘蛛50d左右。

（3）防治蚜虫应用500g/L抗蚜威可湿性粉剂2000～3000倍液或吡虫啉3000倍液。

## 八、越冬防寒

草莓是多年生草本植物，一般盆栽草莓要求温度为20～25℃。入冬以后草莓逐渐进入休眠期，只能耐-8℃的低温和短时间-10℃的气温，温度再下降就会发生冻害。因此，在10月应将盆栽草莓移入室内，或放在向阳的封闭式阳台上，再用塑料袋或塑料薄膜把盆套上，保温保湿，以防发生冻害，影响草莓的生长发育。若在日光温室中或条件好的家庭阳台中，温度为8～20℃，盆栽草莓可正常生长、开花结果。

## 第五节
# 枣树盆栽技术

枣树结果早、叶小、枝美、果红，枣果营养丰富，一些观赏枣品种尤其适于盆栽，栽植当年就能开花结果，既有很高的观赏价值，又有一定的经济价值。光照条件较好的空地、宅院、楼房阳台等处都可进行枣树盆栽。

## 一、品种选择

果盆栽枣树应选择结果早、坐果率高、挂果期长、果形整齐美观、果面光亮洁净、抗逆性强、树形紧凑、枝果具有特殊形态和观赏价值的品种，如龙爪枣、葫芦枣、茶壶枣、胎里红等。为提高观赏性，在一株苗木上可多嫁接几个品种。

## 二、育苗技术

### 1. 种子育苗

从品质好的枣树中筛选出有枣仁的枣核，取出枣仁，放在25℃的温水中浸泡24h，捞出催芽，种子的温度保持在24℃左右，每天用25℃的温水冲4次，3d后大部分发芽，第4天即可播种，7d后幼苗可拱出地面。第3年春季即可进行移栽。

### 2. 嫁接育苗

一般在4月中旬至5月中旬，把品种优良的枣树芽条接在酸枣树苗上。嫁接的方法有劈接、嫩梢芽接、硬枝芽接、插皮接等。

## 三、上盆移栽

### 1. 选盆

枣树的盆栽用盆可选瓦盆、陶盆、塑料盆等，家庭居室或阳台摆放可选用内径25～45cm、高20～25cm的瓦盆；如在道路、花坛等处放置，应选用大些的瓦盆。

### 2. 盆土配制

枣树对土壤适应性较强，但因盆栽枣树在有限的土壤中生长发育，所以盆栽土要求疏松肥沃、通透性好、保水保肥力强，以适应枣树根系的生长。可用园土4份、腐叶土或腐殖土2份、厩肥2份、沙土2份，按体积比例充分混匀，过筛后作为盆土，每立方米营养土再加入1kg 25%氮磷钾复合肥混合拌匀。

### 3. 栽植

一般在春季临近萌芽前上盆最佳。此时发根快，易成活。上盆前先在盆底部的渗水孔上盖一凸面向上的碎瓦片，然后铺约2cm厚的炉渣，再放培养土进行栽植。栽前对苗木根系进行修剪，剪平伤口，剪除病根、伤根及粗根的过长部分，尽量多保留须根；栽时应使根系舒展并与盆土密接，栽植深度以与枣苗原土痕相平为宜，将土压紧压实。上盆后及时浇透水，然后把盆放于背风向阳处，保持盆内土壤湿润。过一段时间盆土下沉后再加一些营养土，盆口留几厘米深不填土作为浇水的水口。

## 四、整形修剪

盆栽枣树整形可采用主干形进行修剪。主干高20～30cm，领导干上着生5个左右主枝，主枝上着生枝组。盆栽枣树宜在2～3月进行修剪，疏去无用枝、交叉枝、过密枝等。要延伸的骨干枝枣头短截后，需将剪口下的第1个二次枝剪除，否则主芽不会萌发。要用于结果的枝条应缩剪到2年生部位，剪口下的二次枝不剪除。

## 五、肥水管理

### 1. 施肥

盆栽枣树施肥应以有机肥为主，可在栽植和换盆时施入，将腐熟的有机肥埋入花盆边的土中，在上面盖上一层土，然后浇水，也可将腐熟的有机肥稀释后浇灌到盆土中，但要求少量多次，每隔7～10d施1次。枣树枝叶生长期、花芽发育期和幼果生长期是营养需求的主要时期，此时可以施2次有机液肥，然后施1次3g/L尿素溶液以补充树体对矿物质营养的需求。秋天结果期应增加磷肥的施用，施2g/L磷酸二氢钾溶液2次。

**2．浇水**

根据盆土水分变化、枣树需水特点及季节，确定浇水量和浇水时间。如天气干旱、气温高，应勤浇、多浇水；树体小、枝叶量少，应少浇水；树体大、枝叶量多，应多浇水。早春与晚秋应在午后气温较高时浇水，夏季应在上午10时前或下午4时后浇水，以免盆土温度变化剧烈，影响根系生长。盆栽枣树一般从6月开始开花，此时植株对湿度要求较高，晴天每天都要浇水，保持盆土潮湿。

**3．换盆或换营养土**

盆栽枣树在盆中生长2～3年后要换大一些的盆。在休眠期将枣树从盆中拔出，以去除根垫和少量根系，再带土装入大盆中，加足营养土。不换大盆的盆栽枣树，种植2年左右也应换一次营养土，以利于枣树生长。将枣树拔出后去除根垫与少量根系，加入营养土，再将原枣树带土放入盆中，加足营养土后浇足水分。

## 六、花果管理

**1．环剥**

花期环剥可提高坐果率。当枣树开花量达到30%～40%时，在主干基部进行环剥，一般剥口宽0.2cm。

**2．通风透光**

枣树喜光，盆栽枣树要置于通风透光、条件良好的地方，以利坐果。

**3．叶面追肥**

花期喷施10～15mg/L赤霉素溶液+3g/L尿素溶液可提高坐果率；枣果膨大期喷施2次3g/L磷酸二氢钾溶液，能提高坐果率。

**4．摘心**

植株处于花期期间，对枣头、二次枝摘心可提高坐果率。

**5．疏果**

盆栽枣树果实过多或坐果稀密不匀时，要进行疏果，疏掉过密部位中质量差、较小的果实。后期花长成的果实不易成熟，如前期花发育的果实较多，后期果对前期果生长有影响时，要疏去后期果。

## 七、病虫害防治

盆栽枣树病害主要是锈病和炭疽病，6月下旬开始可采取喷布波尔多液、多菌灵、百菌清等杀菌剂进行病虫害的预防。发生枣疯病的盆栽枣树要及时从盆中拔出深埋。

盆栽枣树虫害主要有刺蛾、龟蜡蚧壳虫、枣黏虫、枣尺蠖等，虫量少时可人工捕杀，也可选用低毒、低残留的杀虫杀螨剂进行防治。

## 八、越冬防寒

为防止冬季盆栽枣树因长时间的风吹干旱，造成根系失水死亡，应采取保水保温防冻措施。将盆栽枣树移至温度0～7℃的室内或楼道、阳台，定期浇水；冬天不太冷的地区也可在盆上覆盖一些草使植株露地越冬。冬季也要经常检查盆土是否干燥，如盆土干燥要浇透水，以保证盆栽枣树安全越冬。

## 第六节
# 山楂盆栽技术

山楂，又称作红果、山里红。山楂作为一种经典的美食，很受大众的喜爱，从冰糖葫芦到糖炒山楂再到晒制泡茶用的山楂干，每一种不同的做法都能制造出不同的味道刺激我们的味蕾。也正因为这样，才使得越来越多的人爱上了山楂。盆栽山楂，既是一种艳丽的景观，又能让人吃到绿色、营养的水果，是都市农业的项目之一。

## 一、品种选择

盆栽山楂一般选择果实成熟晚、果形大、色泽鲜红、抗寒性强的品种，如红瓤绵、燕瓤红、伏里红、寒露红、大金星、泽州红、大绵球等。

## 二、育苗技术

盆栽山楂与露地栽培山楂所用苗木区别较大。盆栽山楂所用苗木首先要求根系距根茎距离短，应有发育良好的须根，须根量越大越有利于上盆后的生长。利用根蘖苗嫁接的山楂成苗即具备上述特点，很适合山楂盆栽。在野生山楂分布的地方或山楂大树下，取根蘖苗，再移栽到苗圃集中管理，统一嫁接。嫁接成活后，根系的生长已趋旺盛，可在生长季距主干20cm处用利刀或铁锨伸入土中进行断根，包括对实生砧主根的切断（一般深20～30cm处），对根部进行短截修剪，以达到限制根系的伸展范围、增加须根量的目的。对于地上部采用主干拉枝（加大角度）、新梢生长前期（5月）及时摘心等方法，可达到控制苗高和使主干分枝点降低的目的。根据盆栽造型的要求，可延长圃地苗木培养的年限，但一般在嫁接成活后的1～3年均可上盆。上盆后，还可嫁接带有花芽的多年生枝组,具有成活率高、坐果好的明显特点。

## 三、上盆移栽

### 1. 选盆

花盆应选择内径30～40cm、深30cm、透气性好的瓦盆,也可选用长方形或椭圆形的紫砂盆、素烧盆,或与此相当的木桶、木箱等。

### 2. 盆土配制

盆内营养土为腐叶土或腐殖土、园土、细沙按4:2:2比例配制而成。盆土要求肥力温和,不可肥力过高;土壤pH为6～7.5,不可碱性过大。

### 3. 栽植

山楂的上盆工作可于春季萌叶前或秋季落叶后进行,其中以秋季上盆为好。

## 四、整形修剪

山楂的幼树顶端优势较强,侧枝较少。因此,在幼树时期,就应常修剪,促其多分枝,并可于7月中旬至8月上旬的花芽分化期,对树体进行环割或环切,以促进花芽分化。山楂盆景的株型,可采用曲干、直干、斜干、分层等多种形式。山楂顶端优势显明,易造成下部枝芽生长势衰弱。其树形的基本要求是,树宜矮不宜高,主枝角度宜大不宜小,背上直立枝宜短不宜长,使其枝条向外扩展,形成稍扁形树冠。冬季修剪以疏、缩为主,疏去细弱枝、交叉枝、重叠枝、过密枝、直立枝。回缩较长细弱枝,回缩时要注意剪口处必须留有方向适宜的分枝,以利恢复枝势。夏季修剪,在枝条充足的前提下,对于剪口及枝干上由潜伏芽抽生的萌蘖枝,在发芽后应及时疏除。花前复剪是夏季修剪的主要内容。此法通过疏花来完善结果枝和营养枝的比例。盆栽山楂结果枝和营养枝的比例应在1:1～1:3的范围内。生长势强,应减少营养枝比例;生长势弱,应加大营养枝比例。

## 五、肥水管理

### 1. 施肥

山楂耐瘠薄,不是特别喜肥,冬季施1次基肥,不宜过多,以免引起植株徒长。开花后应施1次稀薄的磷钾肥,不宜施氮肥。秋季要适量施肥。

### 2. 浇水

山楂较耐旱,未结果的树对水分要求不高,但是对于结果的盆景则必须保证其水分的充足供应。盆内以保证湿润为度,不宜积水,秋季要控制浇水量,而冬季则宁干勿湿。

## 六、花果管理

盆栽山楂只要新梢粗壮，不发生秋梢，都可在其顶端形成花芽，结果枝越粗壮，其连续结果能力越强。因此，在保证树形紧凑的情况下，培养足够数量的壮枝，是提高山楂盆栽水平的基本措施。

萌芽至开花前期是山楂需水需肥的临界期，此时的肥水管理是促使枝梢健壮、花芽形成的关键时期。此时可追施 $2\sim3g/L$ 无机液氮肥和200倍有机液肥，间隔使用，先后共施 $2\sim3$ 次，每次相隔 $7\sim10d$。7月中旬以后要控制无机氮肥的使用，抑制秋梢发生。

在山楂盛花期喷布 $30\sim60mg/L$ 赤霉素，可使坐果率提高 $30\%\sim40\%$，并使果实明显增大。在山楂盛花期对主干环剥、环切也能显著提高坐果率。但环剥、环切的对象必须是生长健壮的盆树，否则效果不佳，甚至会出现大量落花、落果。

## 七、病虫害防治

山楂树较抗病虫害。盆栽中要注意防治常见的白粉病、红蜘蛛和蚜虫病。

## 八、越冬防寒

山楂抗寒能力较强，但在盆栽条件下，盆壁对根系的保护有限，因此应采取措施以防冻害。对于盆栽数量较多的，可采取就地挖沟，将盆体埋住即可，沟深视盆体的高度而定，埋藏前，先将盆内及沟内灌足水，待水渗干后即可封土。对少量盆栽的山楂，可移入走廊或室内越冬，并注意适量浇水，每月1次即可。盆栽山楂，于第2年春3月土壤解冻以后，即可从沟内或室内移出。

## 第七节
# 柿树盆栽技术

柿子树为柿科柿属落叶乔木，株高可达10m以上，树冠开张，呈圆球形或钝圆锥形。柿子树树形优美，果实鲜艳、可食，晚秋满树红叶更是美艳动人，是具有观赏、食用、药用等多种功能的树种。除种植于庭院、田野、山地之外，柿子树还可盆栽观赏或用于制作盆景，布置于庭院、阳台、露台等处。

## 一、品种选择

柿子树品种很多，盆栽应选择用灌木状老鸦柿、乌柿作砧木的嫁接苗，接穗应选择无核品种或甜柿品种，因为这些品种具有单性结实的特性，不必配置授粉树（有核品种应适当配置授粉树才能结实），而且观赏价值高。

### 1. 磨盘柿

磨盘柿又称作盖柿、燕山红柿，是遵化特产。果实体大皮薄，成熟时呈橙黄色或橙红色，寒露至霜降果实成熟，果实变软后也不脱落。初上盆时，幼树直立，层次明显。结果后渐开张，枝条粗壮、稀疏，成花较易，坐果率高，适应性强。

### 2. 火晶柿子

火晶柿子因果实色红如火，果面光泽似水晶而得名。又因熟后质软，外皮火红，深秋成熟时挂满枝头，如火焰般艳丽，所以又称作"火景"。火晶柿子果实扁圆，吃起来凉甜爽口、甜而不腻，味道极佳，且果皮极易剥离。

### 3. 橘蜜柿

橘蜜柿又称作旱柿、八月红、小柿、水沙红。果实小，呈扁圆形。果面呈橘红色，有黑色斑点。果汁中多，果顶丰满，果肉橙红，味甜，汁中等，纤维少，果心大，无种子。

### 4. 照天红柿

果实圆顶，形如扁圆形大红灯笼，鲜红色，鲜艳夺目。汁多，味特甜。平均单果重达220g以上。果实在9月中旬成熟，在树上能挂两个月而不落。如果在树上不采摘，到10月中下旬后自然脱涩。

## 二、育苗技术

柿子树可在春季以劈接或切接的方法进行嫁接，也可在秋季落叶后和春季发芽前到野外挖掘生长多年，古朴苍劲的君迁子树桩，成活后经一年的"养坯"，在第2年的春季进行嫁接。由于君迁子根内的单宁含量较多，根系受伤后很难愈合，移植后树势恢复慢，因此在移栽时应尽量保留根系，并注意保鲜保湿，以保证其成活。

## 三、上盆移栽

### 1. 选盆

苗初上盆时，为了便于养护，一般选用适合树体大小的素烧深盆，使其快成形、早结果。待柿子树成形结果后，为了增强其观赏价值，可再更换较深的方口紫砂盆或圆瓷盆。

### 2. 盆土配制

柿子树对土壤要求不高，但以pH 6～7时生长结果最好，尤以保水力较强的壤土或轻黏壤土最为理想。

### 3. 栽植

春季4月初、清明节前后上盆。此时根系已经开始生长，枝芽也开始萌动，这时上盆根系恢复快，成活率高，植株生长得快。

上盆前，根据整形要求对地上部分枝干适度剪短，可减少养分消耗。对根系处理时，要求本着多留少剪的原则，凡能盘入盆内的根系一般不剪。

## 四、整形修剪

柿子树盆景可根据砧木的形状和接穗的品种特性，加工制作成单干式、双干式、斜干式、临水式、文人树等多种不同形式的盆景。因其叶片较大，树冠多采用自然式，其鲜艳的果实悬挂在绿叶间，非常美丽，而冬季落叶后，枝干如铁，别有一番风韵。造型方法采用修剪、蟠扎相结合的方法，逐渐培养，使其枝条粗细过渡自然，比例协调。

冬季进行一次修剪整形，剪除弱枝、重叠枝，以增加膛内的通风透光性，但过多的疏枝会使剩余的枝条急速延长，出现秃干现象。而缩剪枝端的2~3个节，可促进果枝坐果。因此，修剪时要两者结合，促使形成矮小的枝组、紧凑的树冠。

## 五、栽培管理

### 1. 光照温度

盆栽柿子可放在阳光充足、通风良好的地方养护，若光照不足，会造成枝条不充实，根系生长不良，花芽不能完全分化，开花、坐果稀少。冬季，可将其放在阳光充足的冷室内或室外避风向阳处越冬，要保证有不少于36d、低于10℃的低温休眠期，以保证植株能够休眠，有利于第2年生长。

### 2. 肥水管理

应保持盆土湿润而不积水，过于干旱和长期积水不利于植株的正常生长。每隔15~20d施1次腐熟的稀薄液肥，9月中旬以后停止施肥。从开花到坐果这段时间要控制水肥，避免枝条徒长，以促使花芽分化。

坐果后恢复浇水、施肥，并适当添加磷钾肥的用量，直到果实着色为止。对长势较弱和坐果较多的植株，可在7~8月每隔15d左右对叶面喷施1次尿素+磷酸二氢钾的溶液，以使植株生长健壮。果实采摘后，应在盆内埋入适量腐熟的饼肥。

## 六、花果管理

### 1. 摘心授粉

夏季要及时疏除树冠内外骨干枝上的弱枝及剪口处的萌芽，对生长旺盛的新梢，在花期前后可留适当长度的枝段后进行摘心，促使植株抽生二次枝，当年形成花芽，第2

年成为坐果枝。为促花保果，还可在5月下旬至6月上旬对生长旺盛的植株进行双半环剥皮。在盛花期进行人工授粉，在开花前10~15d，疏去结果枝基部向上2~3朵以外的其他花蕾。

### 2. 疏果管理

在生理性落果后进行疏果，每个结果母枝保留2~3个结果枝，而每个结果枝则保留2~3个果实。果实着色后可除去部分影响美观的老叶及枝条，以保持树形的优美。

## 七、病虫害防治

盆栽柿子树病害主要有柿角斑病、柿黑星病，其防治方法为冬季剪除病梢、清除树上残留的病柿以减少来年侵染来源，增施有机肥和磷钾肥，以增强树体抗病力，待树枝发芽后喷布1：0.5：200波尔多液（硫酸铜：石灰：水）1~2次。

盆栽柿子树虫害主要为柿长绵粉蚧，其防治方法为在越冬期刮树皮、用硬刷刷除越冬若虫，在早春发芽前，喷布5°Bé石硫合剂或99%矿物油，以消灭越冬若虫。

## 八、越冬防寒

盆栽柿树可在华北以南地区露地越冬。越冬前施1次有机肥，浇透越冬水。整个冬季要经常检查盆内含水量，发现干旱时要及时补水。

## 第八节
# 苹果盆栽技术

苹果春华秋实，叶绿果艳，枝干古朴典雅，经矮化栽培并进行适当地造型后，即可培养成观花、赏叶、尝果的苹果树盆景，可用来绿化、美化环境，陶冶情操，具有很高的观赏价值。在欣赏之余，苹果盆景还可提供一定数量的果实，是艺术美与丰收美的巧妙结合，越来越受到人们的喜爱。

盆栽苹果一般2~3年即可结果，4~5年生的苹果树，每株结果15~25个。

## 一、品种选择

盆栽苹果宜选色泽鲜艳、成花结果早、坐果率高、挂果时间长、抗病性强、适应环境能力强的中晚熟品种较好，尤以短枝型品种为首选。表现良好的品种有小国光、元帅系的短枝型、红富士、乙女、冬红果、芭蕾苹果、金冠、鸡冠、秦冠等。

## 二、育苗技术

盆栽苹果宜选用矮化砧木，如M9、M26、M27、崂山奈子等，它们都具有很好的矮化性、早实性。其中，M27的矮化性最强；M9、M26嫁接后砧木加粗生长较快而接穗较慢，易获得美观、紧凑的树形，有一定观赏价值；崂山奈子骨干根加粗明显，可做提根造型。另外，也可选用M2、M4、M7、MM106等半矮化砧作砧木，但其上应嫁接生长势较弱的品种、各种短枝型品种。

嫁接一般在春季顶芽刚刚萌动而新梢尚未长出时进行，这时枝条内的树液已开始流动，接口易愈合，嫁接成活率高。嫁接前首先要对选好的盆景用砧木进行修整，根据盆景造型创意需要选好骨干枝、营养枝，确定好嫁接部位。所用接穗可选用1年生枝、花芽枝、大型接穗，接穗质量直接影响盆景的艺术造型及开花结果的速度。要使盆景快速成形，一般应选用2～3年生、具有2～6个分枝的大型接穗，其可在短期内形成优美的盆景姿态。

## 三、上盆移栽

### 1. 选盆

苹果的盆栽用盆一般有素烧盆、紫砂盆、瓷盆、塑料盆及木盆等。素烧盆与木盆盆壁渗水、透气性强，利于苗木生长。瓷盆、紫砂盆、塑料盆盆壁渗水透气性差，对苗木生长不利，但其外形美观大方，可增强观赏性。盆的形状多种多样，有正方形、长方形、圆形、八角形、菱形、扇形等，但以圆形为主，圆形盆有利于根系向四周均匀舒展。盆的规格一般为内径20～50cm、高20～60cm。用盆的深浅，应根据树的长势而定，以动态为主要特点的盆景宜深，以静态为主要特点的盆景易浅。一般用盆的规律是，景大景多则盆宜大，景小景少盆宜小。总之，盆与景的搭配，大小要适当，色彩要协调，形态要相称。

### 2. 盆土配制

配制培养土是苹果盆景栽培技术中的重要一环。培养土要具有良好的物理化学性状，富含腐殖质，保肥、蓄水能力强，透气性好，酸碱度适宜。配制时，最好选用腐熟的田园土、河沙、草木灰，按5：3：1的比例充分混合均匀，碾细过筛。若盆的透气性较差，可在培养土中再加入10%～20%的炉渣增加其通透性。培养土在使用前采用蒸煮、烘烤或药物等方法进行消毒，并应进行土壤酸碱度的测定及调整，苹果最适宜的pH为5.7～6.7。

### 3. 栽植

选择植株健壮、芽眼饱满、无病虫危害的苗木，于4月上、中旬上盆栽植，栽植时用5°Bé石硫合剂浸根消毒，并剪去坏死根。

栽植时先在盆底放几块碎瓦片，然后铺2～3cm厚的炉渣作为排水层，再放入1/3培养土，然后放入树苗使其根系舒展，边填土边稍微抖动树苗，使根系与土壤密接，根系较大时用木棒轻轻插实根系四周的泥土，防止形成较大的空隙，最后盆土表面应距盆沿5cm以上，以便于浇水。上盆后及时浇透水，并用塑料薄膜覆盖盆口。

## 四、整形修剪

盆栽苹果可根据个人的爱好修剪成盆景树形，注意角度开张，使之通风透光，这样利于形成花芽，获得高产。盆栽苹果控制树冠要从1年生苗起，以干高相当于盆体高度或高出盆体一倍为宜，采用盘绕式拉枝方式，抑制长势，促使发枝。也可对1年生苗木按所需高度进行摘心，促壮主干，再发新枝。对新发枝应拉枝培养树形；对徒长枝、竞争枝，在枝条的5~7片叶间进行扭梢，可有效控制树体高度，防止徒长，促成花芽；对生长旺的徒长枝和竞争枝要充分利用，结合拉枝进行扭梢、摘心、刻伤、环剥，从而培养大量结果枝，并促使其形成花芽，达到早结果、多结果的目的。当盆栽苹果进入结果期时，树形已基本确立，要根据品种合理选留枝条，以整个树冠空间占满、得到合理利用为宜。有空间的长枝可留作培养新骨架，中、短枝可培养为结果枝组，应使树冠保持稳定，做到长短枝相间，叶果比适宜即可。

## 五、肥水管理

### 1. 施肥

萌芽前后施0.2%速效性氮肥1次，从5月开始，每10d左右追施液肥1次，以施200倍液有机饼肥为主，2g/L磷酸二铵无机液肥为辅。果实膨大期进行叶面喷肥，可喷施3~5g/L尿素溶液、30~50g/L草木灰浸出液。秋梢旺长、果实接近成熟时每半个月追施1次200倍有机液肥。新梢停长、果实成熟期，根据植株生长情况，每10d追肥1次，以200倍有机液肥为主，配合使用0.2%的无机氮肥。落叶后施腐熟厩肥作为基肥。

### 2. 浇水

浇水次数因季节而变化。春季可7d浇水1次；夏季气温高，蒸腾量大，可1~2d浇水1次，高温季节还要进行叶面喷雾；秋季要控制浇水，以防徒长；冬季一般不浇水，以盆土不过干为度。不论在什么季节浇水，一般都避免在烈日下用冷凉水浇盆，浇水时间以早晨或傍晚为宜。盆栽苹果的土壤要干透浇透，萌芽期、花期、果实膨大期要及时补充水分，6月为促进花芽分化，要适当控水，7~8月雨季要少浇水。采用瓷盆、紫砂盆、塑料盆的盆栽宜少浇，采用素烧盆、木盆的盆栽宜多浇。

## 六、花果管理

花果是苹果盆栽的重要组成部分，苹果盆栽的独特之处就在于它是以形载果、以果成形、形果兼备的盆栽。

**1. 疏花疏果**

根据苹果盆景的造型，确定留果的多少、果实的布局，采用何种方法进行疏花、疏果。一般2～3年生苹果树留果10个左右，4～5年生的苹果树留果20～25个。

**2. 人工授粉**

在苹果开花前2～3d，从物候期相近的果园采取花粉，在盆栽苹果盛花初期，花朵开花的当天上午进行人工授粉。

**3. 花期喷硼**

在开花期用2.5g/L硼砂溶液喷施，可提高坐果率。

**4. 套袋**

在生理落果后进行果实套袋。在果实成熟前15～30d取下果袋，使果实着色。

## 七、病虫害防治

盆栽苹果由于管理精细，通风透光好，生长健壮，病虫害较少。但是，一旦发生病虫害，要及时摘除病枝、病叶、病果，刮除病斑，人工捕捉害虫。病虫害严重时，在落花后喷布多菌灵、托布津、百菌清等杀菌剂1～2次，防治果实和叶片病害；4～5月喷布2次以菊酯类为主的杀虫剂，以防治蚜虫、卷叶虫等害虫；6～7月喷布灭扫利（甲氰菊酯）、天王星（联苯菊酯）等杀虫、杀螨剂1～2次，防治红蜘蛛、桃小食心虫；7～8月喷布多菌灵、托布津、波尔多液等杀菌剂，防治早期落叶病、轮纹病、炭疽病。

## 八、越冬防寒

盆栽苹果树落叶后，用草绳、麻袋等将盆包裹住以防寒，或开沟将盆埋入土中越冬，或置于地窖、走廊等处越冬，也可将盆移入空闲的室内越冬。越冬期间，对水分散失较多的，要注意补充水分。

## 第九节
# 葡萄盆栽技术

盆栽葡萄是人们利用花盆等容器种植葡萄的一种栽培方式。盆栽葡萄既能美化居住环境，又可为人们提供一定数量的鲜食葡萄，越来越受到人们的青睐，成为家庭绿化的主要材料之一。葡萄盆栽结果早，如栽培管理方法正确，两年就能结果，每盆葡萄可产果1～3kg，多的可达4～5kg。

## 一、品种选择

盆栽葡萄受生长期长短的影响较小，早、中、晚熟品种均可栽培。盆栽葡萄应尽量以长势弱的品种为主，一般应选择结实率高、丰产性强、品质优良、抗病及抗污染力较强的品种，如藤稔、巨峰、黑峰、黑奥林、京亚、玫瑰香、黑汉、莎巴珍珠、葡萄园皇后、京超、伊豆锦、京玉、凤凰51号、8611、8612、紫珍香、美国黑提、布朗无核、京早晶等，而生长势强、不易形成花序的品种如龙眼、无核白、牛奶等则不宜盆栽。

## 二、育苗技术

盆栽葡萄育苗技术主要是扦插繁殖。插条选用节间短、芽眼饱满的成熟新梢的中下部，长约15cm，有3～4节可以发2～3层根系的插条。插条下端近节处可剪成斜口，上端离顶芽2cm处剪成平口，注意剪口要光滑。插前将插条下部放在100～200mg/L的萘乙酸溶液中蘸一下，可促使其发根。然后垂直插于盆中心，剪口上端的芽露出土面。注意土壤保湿，一般10d左右即可出芽。

## 三、上盆移栽

### 1. 选盆

盆栽葡萄可用的容器多种多样，凡质地坚硬、排水透气良好、体积稍大、能盛装较多营养土的盆都可用来栽植葡萄，可用的容器有瓦盆、陶盆、紫砂盆、木盆、塑料盆。但容器的体积不能太大，否则就失去了盆栽的意义。应根据盆栽者的主要目的及摆放的位置，选择与之相适应的容器，目前，盆栽葡萄时常用的容器一般为直径35～45cm、深25～35cm的素烧泥盆。

### 2. 盆土配制

（1）腐叶土4份、田园土3份、粗沙3份、骨粉0.5份；

（2）田园土7份、粗沙2份、膨化鸡粪1份、骨粉0.5份。

盆土配制拌匀后，用1g/L福尔马林溶液均匀喷布其上，1m³盆土用药500mL。然后用塑料薄膜密封，熏蒸一昼夜后，揭去薄膜，晾晒3～4d后，即可装盆使用。

### 3. 栽植

（1）容器消毒  将选择好的容器用浓度为10.0g/kg漂白粉溶液浸泡5min，取出后用清水冲洗、浸泡，使之吸足水分，晾干后即可使用。若是旧容器，则应将其内外冲洗干净，再用漂白粉溶液浸泡。

（2）苗木准备  选择根系发达、枝蔓粗壮、芽眼饱满、无病虫害的1年生壮苗，枝蔓留3个芽短截，并适当修根，剪除直根或过长根，剪口要平。栽植之前先用清水浸泡24h。扦插时每盆最好插2支插条，以便选择，并经常保持盆土湿润。也可用1～3年生的葡萄植株，在萌芽前带土团移栽入盆。移栽时，对植株枝蔓要重剪，一般选留1～3个强壮枝蔓。移栽当年，重点在恢复树势，培养树形，打好基础，先不要结果。

（3）上盆　栽植时，先将盆底排水孔用瓦片或碎骨垫好，再装入1/3～1/2的盆土，制作成馒头状，然后将葡萄苗的根部放在上面，摆开根系，使根干直立居中并埋土。埋土后，用手轻轻提苗，再把盆土压实，继续填土到距盆沿3cm左右时把土铺平，并浇定根水。

## 四、整形修剪

### 1. 独杆形

适于中小型盆栽，栽植的当年在盆中央立一竹竿或者8号铁丝，高1m左右。待新梢萌发后，选留一健壮梢作为主蔓，引缚于竹竿上，待长至80～90cm时摘心，以后发出的副梢除顶端一个任其生长外，其余均留1～2片叶后反复摘心。冬剪时成熟良好的枝蔓，可剪留50cm。在第2年新梢萌发后，在主蔓上留3～5个健壮新梢，其余芽应及时抹去。冬剪时各新梢均留2～3个芽作为结果母枝。第3年萌芽后每个结果母枝留1～2个新梢，以后每年均短剪。

### 2. 扇面形

定植当年冬季，新梢在60cm以上的剪短留作主干，第2年每隔10～15cm留一新梢倾斜引缚，冬剪时将其短剪作为1～3芽的结果母枝，第3年每个结果母枝上留1～2个结果枝进行结果，新梢与果穗均衡的分布在一个平面上，随树体增大而增大花盆并扩大扇面。

### 3. 圆柱架及伞形

盆周边立4根长1.2～1.5m的竹竿，用铁丝弯成大小相宜的圆圈并绑于竹竿上部，形成圆柱架式。定植当年选一条主蔓直立引缚，长到与架等高时摘心去顶。第2年春从主蔓上部选留3～5个新梢，其余新梢全部抹除；新梢应均匀绑缚在顶端铁圈上。圈内副梢留1～2片叶后反复摘心，圈外副梢任其生长、下垂，均匀分布，形成伞状树形。

## 五、肥水管理

### 1. 施肥

盆栽葡萄应把握"薄肥勤施"的原则。定植当年，萌芽以后每隔15d施饼肥水（菜籽饼、豆饼等腐熟后加水稀释10～15倍）1次；展叶以后开始根外追肥，每隔20d喷施1次尿素和磷酸二氢钾的混合溶液，总浓度不超过5.0g/kg，早期浓度应小一些。已结果的盆栽葡萄，萌芽前追2次饼肥水与尿素溶液的混合液，萌芽到坐果期每隔10d追饼肥水1

次，坐果至落叶期用饼肥水和复合肥间隔追施，平均每5d追肥1次，各追10次左右。同时，还需要进行根外追肥，花期喷施0.5g/kg硼砂液1次；在展叶期、开花期、果实膨大期和采果期，叶面分别喷施尿素和磷酸二氢钾的混合溶液2次，着色期喷施磷酸二氢钾溶液2次。

### 2. 浇水

栽葡萄必须给予充足的水分。秋季适当控水，使枝条停长后趋于成熟，并自然落叶、休眠。越冬期间，可每月浇1次水或不浇水，具体应根据盆土湿度和越冬条件而定。

结果的盆栽葡萄，早春可隔2~3d浇1次水，之后随气温升高，可隔天或每天浇水1次，浇水时间宜选在上午10时前或下午4时后。当气温上升到25℃时，则必须每天浇水1次，浇水时间仍为上午10时前或下午4时后。当夏季气温达30℃以上时，每天上午9时前和下午5时后各浇1次水。秋季随气温下降可逐渐减少浇水次数。

浇水时应注意两点：一是每次浇水都要浇到排水孔有水排出为止，但也不能浇水过多，否则会造成水分和养分的浪费；二是要注意水的温度，水温要和盆温基本一致，相差不要超过5℃。

### 3. 换盆土

植株在盆内生长1~2年后，原来的容器空间已不能满足根系生长发育的要求，盆土的养分也逐渐减少，因此容器要由小换大或者更换盆土。此项工作一般在植株休眠期将要结束，开始生长前进行。换盆或换土时，应削去部分枯根，换后立即浇水，以利于植株恢复生长。换土时一人将盆倒转，另一人双手托住土坨，两人同时上下晃动，即可将植株取出。植株取出后，剔除根团上2/3左右的旧盆土，剪除部分老根、沿盆壁卷曲的过长的须根、枯死根及过密的根。除土、修根以后，按上盆要求把植株用新营养土栽植在消过毒的原盆或新盆内。换盆后要加强管理，保持盆土湿润并有较高的温度，从而可促进根系尽快恢复生长。

## 六、花果管理

### 1. 授粉

大部分葡萄种类都是能够自花授粉的，为了增加挂果的成功率，需要在葡萄花朵彻底敞开时轻轻摇摆枝蔓，让葡萄授粉的成功率更高。

### 2. 疏花疏果

盆栽葡萄疏花首先将结果枝上的弱小、畸形、过密和位置不当的花序疏除，然后根据健壮新梢留2个花序，中等新梢留1个花序，生长势弱的新梢不留花序，或者每个结果新梢均留1个花序的原则疏除花序。

盆栽葡萄疏粒可与花穗整形结合进行，首先疏掉那些因授粉受精不良而形成的小粒、畸形粒及过密过紧的果粒，然后再根据果穗标准疏去多余的颗粒。一般小穗留果粒40~50粒，中穗留果粒51~80粒。

## 七、病虫害防治

盆栽葡萄虫害较少，重点是病害。常见的病害有霜霉病、白腐病、炭疽病、黑痘病等。

可在葡萄休眠期喷布3~5°Bé石硫合剂；发芽后，每隔10~15d喷布1次1：0.5：200波尔多液（硫酸铜：石灰：水）或复方多菌灵500倍液，一般病害即可防治。

## 八、越冬防寒

越冬管理主要是防止盆栽葡萄受冻害和抽干。盆栽葡萄经冬季修剪后，拆除盆架、浇足水，挖沟或挖坑埋藏，埋土深度距地面30~50cm即可，也可放入楼道内或阳台上遮盖过冬。不管放在何处，都要注意检查盆土，使其保持润湿，温度最好在0~5℃为宜。

# 第十节
# 樱桃盆栽技术

樱桃树是一种适应性较强的树木，属于落叶乔木，在我国有着较为悠久的种植历史。樱桃是一种深受大家喜欢，而且营养丰富的水果。樱桃红通通的样子，令人赏心悦目，很有食欲。盆栽樱桃不仅可以塑造一种景观，还可以让人品尝到新鲜樱桃果实。

## 一、品种选择

在盆栽樱桃的品种选择方面，建议选择果个大、色泽艳丽、连续结果能力较好的樱桃品种，如红灯、黄蜜、拉宾斯、萨米脱、美早等。另外，樱桃属于异花授粉的果树，在盆栽过程中应注意品种的搭配，最佳办法是每盆嫁接2~3个品种。

## 二、育苗技术

### 1. 实生苗

播种时，将果核直接播在浅盆中，播后10~30d发芽。待幼苗长至5~10cm时，再移植于塑胶软盆中。樱桃种子发芽容易，但其发芽并不整齐，且有些植株所产生的种子常缺乏具有活力的胚，发芽率常低于30%。实生法达结果年龄较迟，苗株间品质差异大。

**2. 扦插**

在春夏生长期间，选取半成熟的樱桃健壮、直径0.7~1.2cm、每段长15~20cm、附生4~6片叶的枝条，插于河沙、蛭石、泥炭土或适合作为苗床介质的混合物中，插条需保持湿润并遮阴。扦插后1~2个月发根，待根群生长旺盛后再移植。

## 三、上盆移栽

**1. 选盆**

盆栽樱桃的种植容器要选择一些透气性好的圆形盆，素烧盆效果最好，紫砂盆、塑料盆次之，含釉质的最差，樱桃上盆后不易成活。1~2年生的苗木应选择口沿内径25~30cm的容器，随着苗木逐年长大，在倒盆、换盆时可逐渐换成大盆。

**2. 盆土配制**

盆栽樱桃的盆土要有较高的透气性，因为樱桃的根系需要的氧气较大，只有透气性好的盆土，才能保障樱桃根系的呼吸良好。营养土配置一般可以选择草皮土、沙子、圈肥之类的土壤，比例为草皮土：圈肥：沙子=5：3：2。

**3. 栽植**

上盆时间多选择在早春。上盆前，先将损伤的根系、枝条进行修剪，露出新茬。上盆时，先将一片瓦倒扣在排水孔上，然后铺一层20cm左右的炉渣，装上营养土，最后放树苗，经过2~3次提苗、压土，当土面与容器口沿相距5cm左右停止。

## 四、整形修剪

修剪时注意花芽的位置。修剪以夏剪为主，冬剪为辅。

**1. 夏季修剪**

夏剪以保持树形、促花保果为目的。剪掉竞争枝、背上枝。在枝条长到15~20cm时摘心。一般在7月以前完成夏季修剪，1年不超过2次夏季修剪。在9月左右，枝条刚见封顶时，把枝条拉平。

**2. 冬季修剪**

冬剪以调整树形，平衡树势为主。主要疏除生长竞争枝、背上枝、强旺枝、纤细枝。延长枝进行短截，将结果枝回缩。

## 五、肥水管理

**1. 施肥**

坚持薄肥勤施的原则，即每次施肥不能太多，施肥的次数要多一点。一般来说，可以每个月施肥1次，以满足樱桃的营养生长需求。7月以前勤施肥，促进树体生长，施肥以有机肥为主。8月以后，在有机肥水中加入适量磷酸二氢钾。进入结果期的樱桃树，在花前、花后各增施1次尿素溶液，在肥水中加入磷钾肥。在9月还要一次性施入硫酸钾50g。

2. 浇水

浇水原则是"见干见湿，浇透浇漏"，特别是在樱桃枝叶多、温度高时，要更加注意给樱桃浇水，保持泥土湿润。

在夏季，每日浇水1次，并经常往叶面喷一些水，起到给树体降温和清洁作用，春、秋两季浇水次数要少，冬季基本不浇水。浇水量以容器底稍稍滴水为佳。

## 六、花果管理

盆栽樱桃开花结果时，重点是要做好疏花疏果工作，就是在花芽量大的时候，要适当疏掉一些花芽；在结果时，要将一些发育不良的果及时疏掉，让好的果实继续生长。

树体花芽量大，在萌芽期，疏掉部分花芽，在花簇状结果枝上疏掉1/4~1/3的花芽。在花期，还要做好品种间的授粉。在果实长到黄豆粒大小时，疏掉果形不正的果实。

## 七、病虫害防治

穿孔病、叶螨是盆栽樱桃较为常见的病虫害。穿孔病主要是叶子上出现灰褐霉状物，此病可导致叶子脱落出现褐色穿孔，要及时喷布代森锰锌进行防治；当发生虫害时，用阿维菌素等农药防治。

## 八、越冬防寒

盆栽樱桃在越冬过程中，最容易出现的问题是抽条，主要原因是冬季地下根系供水不足。因此，防治的最有效措施是越冬前浇透水并在盆面覆盖地膜，以减少水分蒸发。另外，枝条缠包薄膜等措施，也是行之有效的。

## 第十一节
# 树莓盆栽技术

树莓不仅是一种可以食用的水果，还是一种具有观赏价值的盆景。树莓有红色、黄色和黑色和黑紫色，成熟的时间也从晚夏到秋天不等。只要有充足的阳光，树莓无论在较热或是较冷的地区都能生长良好。树莓的四季生长规律呈现为春季可观白花绿叶，夏季品尝鲜红果实，秋季紫叶别有风味，冬季可赏枝条的唯美风韵。

树莓盆栽后，第2年开始结果，初期一盆可以结0.2~0.3kg果实，第3年可结0.3~0.5kg果实。如果盆桶规格较大，管理得法，产量还能增加。

## 一、品种选择

树莓主要有两大类。一类是单季的，每年夏天成熟一次；另一类是两季的，每年夏天和秋天各成熟一次。

常见的单季树莓品种有莱瑟姆品系，果实圆润，呈深红色；米克品系也是深红色的，含糖量高，口感极甜；维拉米特系果实紧实但是有点酸；白兰地酒品系的果实很大且呈黑紫色；黑鹰品系的果实颜色深黑，多汁。

常见的两季树莓品种有友善品系，果实中等大小，呈深红色，果肉紧实且味芳香；落金品系果实呈金光色且口味甘甜。

树莓有红色、黄色、黑色和黑紫色。红色和黄色的果实最甜，黑色的果实味道醇厚。其中，黑色树莓是最难种植的，因为这种树莓非常容易染病且植株相对较弱小。

## 二、育苗技术

### 1. 扦插繁殖
主要是嫩枝扦插，一般在6月上、中旬进行，选用半木质化的当年生枝条扦插。

### 2. 压条育苗
6~8月进行树莓的压条繁殖。将当年生健壮的基本枝条中部刻伤压弯，放入深15~30cm的沟中，覆土厚10cm，浇水并保持土壤湿润，约30d植株即可生根，生根后将沟填平并剪断枝条即可。

### 3. 根蘖育苗
树莓根蘖能力非常强，可利用植株根系的分蘖能力进行繁殖育苗，尤其是红树莓类。早春树莓未发芽时，用铁锹在其根系周围进行翻耕，可形成根蘖苗。以后要及时断根，切除幼苗与母体的联系。断根要适时，一般在幼苗长出地面1个月左右进行，南方地区一般在4月底至5月初进行，北方地区稍迟，可选距离苗10cm处断根。

盆栽可用1年苗龄的树莓小苗。

## 三、上盆移栽

### 1. 选盆
最好选用35～40cm的花盆，也可以用瓦盆、木桶等，但底部要有漏水孔。

### 2. 盆土配制
盆栽树莓受容器的限制，要用土质肥沃疏松、保水保肥、透气性良好的土壤，比较理想的是天然腐叶土。人工配制的方法是：烂树叶3份，腐熟圈肥2份，园土5份；或马粪、沙土、园土各1份。

检测盆土的pH，树莓适应的土壤pH为5.5～6.5。如果想降低土壤pH，可考虑添加硫磺颗粒。

### 3. 栽植
早春苗木发芽前或晚秋苗木落叶后，均可入盆，最佳种植时间是早春。先将苗木的根在清水中浸泡8～12h，然后将根植入盆内适当的位置，要使根系舒展，填满配土，用手压实，浇透水，放在空气潮湿温暖的地方。

## 四、整形修剪

### 1. 春剪
4月下旬至5月上旬，在枝条绑架后、展叶前进行春剪，修剪过晚会因枝芽大部分展叶而消耗结果枝的营养。树莓春剪也称为结果枝修剪，包括除病株、去损伤枝、短截枝梢。

### 2. 夏剪
6月初基本枝全部萌发后，在枝条伸长到30～40cm时进行夏剪。此期间是基本枝生长旺盛期，消耗养分和水分较多，如不及时修剪，易造成树莓下部结果，枝落花、落果，叶片早期脱落，株丛内通风透光差，成熟的果实易腐烂，基本枝生长细弱，秋季花芽分化不良等现象。修剪原则是"留强去弱"。

### 3. 秋剪
首先是对结果株的剪除，其次是对当年基本枝条进行短截。

8月中下旬果实采收结束后，结果枝开始干枯，为促进基本枝木质化，应及时剪除结果株。

当年基本枝短截，即打梢，是对当年基本枝在结果株剪除后进行的梢部短截。短截后，可促进枝条充分木质化和花芽进一步分化，同时也便于防寒。

## 五、肥水管理

### 1. 施肥
盆栽树莓所需营养靠追肥来补充，可将肥料发酵加水，结合浇水施入。肥料以少施、勤施为宜。

### 2. 浇水

春天气温低，浇水不能过多，2～3d浇水1次为好。夏季气温高，蒸发量大，可增加浇水次数，中午树莓盆及地面喷水降温。秋季要减少浇水次数。每次浇水以透而不外渗为宜。

## 六、病虫害防治

树莓抗病能力强，一般不会发生病害。发生虫害时应及时防治。

## 七、越冬防寒

盆栽树莓11月落叶后，开始进入休眠期，最理想的场所是室外菜窖内。如果没有菜窖，可放在走廊、地下室等冷凉地方。温度一定要控制在−5～5℃之间。温度过高，树苗会提前萌发；温度过低，会使树莓受冻。要经常检查湿度，即要控制浇水，又要保持盆土有一定湿度，以免休眠期间根系干枯而死。另外，盆栽树莓有个特点，如果冬季管理条件好，气温、湿度达到树莓的生长条件，树莓就不会落叶，继续生长；如果冬季管理条件差，盆栽树莓就会落叶休眠。

## 第十二节
# 石榴盆栽技术

石榴以绚丽多彩的花朵和嫣红的果实备受人们的青睐，享有"万绿丛中红一点，动人春色不须多"的赞誉。盆栽石榴有较高的观赏价值。花有红、黄等色，花期长，花朵鲜艳似火，且石榴分批结果，果大、美观，籽红似玛瑙，又可食。每盆石榴可产果1.5～2kg。盆栽石榴叶小，枝软，易于造型，是制作盆景的好材料。

## 一、品种选择

选择花果兼美的品种，具有更高的观赏价值，如粉红甜石榴、玛瑙石榴、白花石榴、红壳石榴、四季石榴、软籽石榴等品种。

## 二、育苗技术

石榴可用播种、扦插、压条、分株、嫁接等方法进行繁殖，但生产上一般常用无性繁殖，即扦插繁殖。方法是在春季2~3月发芽前，在丰产树内膛剪取1年生健壮、灰白色枝条，每段长30cm，斜插于已整好的苗床上，入土深度为20cm左右，覆细土踏实浇足水，注意保湿，不久即可生根，培育1年，第2年移栽。

## 三、上盆移栽

### 1. 选盆

花盆选瓦盆、陶盆、塑料盆、木桶、木箱等，内径30~40cm，深30~35cm。

### 2. 盆土配制

盆栽石榴在盆土中生长发育，要求土壤有机质含量高、肥沃，具有保肥、透气与渗水的性能。营养土配制方法：腐叶土或腐殖土7份、草皮土2份、沙土1份。将各种土壤打碎过筛，混合均匀，堆起，上面铺树枝或其他易燃物，点燃。这样既增加植物灰分，也对营养土起到了高温处理作用。在此基础上，每立方米营养土加入1kg 25%氮磷钾复合肥混合拌匀。

### 3. 栽植

于3月中、下旬移苗。栽前盆底排水孔用瓦片垫好，盆底填入部分营养土，将苗木放入盆中，将根系展开，再将营养土加入后轻轻压实，浇透水，水渗透后再覆一层营养土。盆内填土应低于盆边5cm。然后把盆放置于向阳地方，提高湿度，可促根系生长。

## 四、整形修剪

盆栽石榴有枝紧叶密的特点，休眠期可进行一次疏枝修剪，并注意把根部和干枝上萌生的枝条剪除。石榴耐修剪，既可修剪成单干圆头形，又可修剪成多干丛形或平顶形。

### 1. 幼树修剪

以单干或多干式自然形为主。小型石榴干高一般为10~20cm，可保留3~5个主枝，其上分布适量结果母枝，使树形呈自然形。修剪以缓势为主，剪除根蘖苗拉枝开角，以利植株开花坐果。

### 2. 结果树修剪

根据树形疏去过密枝、干枯枝、病虫枝。因石榴的混合芽生长在健壮的短枝顶部或近顶部，所以要保留这些枝，不可进行短截。对较长的枝条可保留基部2~3个芽进行重截，以控制树形，促生结果母枝。

### 3. 冬季修剪

保持主枝的平衡，调节主枝的角度与分枝数。剪去过密枝，交叉枝，干枯枝，病虫害枝等。较大的枝可以保留基部2~3个芽进行重短截，促进结果母枝的形成。石榴的混合芽着生在健壮的短枝顶部或近顶部，修剪时要保留。

### 4. 盆景制作

用幼苗培养制作石榴盆景比较随意，可以一盆一树，也可以双干合植、丛植组合。其枝条多为放射状半垂枝，树冠的形状不规则，适合制作成斜干式、直干式、曲干式的自然盆景造型。古桩石榴的制作常以单株、双株合栽的形式多见，在造型上粗扎细剪以培养枝干。

## 五、肥水管理

### 1. 施肥

石榴喜肥，栽植时应多施底肥，秋冬落叶后再施些有机肥，发叶、花前和落花后各追1次速效性肥料。盆栽石榴，因盆土有限，每次施肥量不能太多，应"少吃多餐"，常用的肥料以饼肥等有机肥为主，经发酵，以液肥施入。5~8月，每周施一次稀薄液肥，但开花期应减少施肥量与施肥次数，并注意施用磷肥，有利植株开花。花期叶面喷5g/L尿素溶液、10g/L过磷酸钙浸出液、3g/L硼酸溶液、3g/L磷酸二氢钾溶液，有显著的促花增果效果。

### 2. 浇水

盆栽石榴抗旱性强，但盆土易干，应及时浇水。一般上盆和倒盆后浇1次透水，开花期每3~5d浇水1次，花期2~3d浇水1次，注意不要从上往下对叶面喷水，以免冲去花粉影响坐果。果实膨大期1~2d浇水1次，入冬前应浇透水。

### 3. 换盆与修根

盆栽石榴在盆中生长1~3年后，由于根系生长迅速，原有的盆土已不能适应石榴新根生长，此时要换大盆，换盆时间应在休眠期。将石榴从盆中带土取出，剪去部分老根，注意剪口要平，长出根团的根系要剪短。将配好的营养土与石榴装入新的大盆中，上好盆后浇1次透水，一段时间内保持盆土的湿度与温度，以促进根系恢复。

## 六、花果管理

### 1. 花期管理

石榴花量大，从5月后陆续开花。另外石榴钟状花不能坐果结实，只有筒状花中的一部分能坐果结实。因此，在开花时除观赏需要外，要及时疏去钟状花蕾和过密花蕾。石榴花期长，人工授粉在5月下旬进行，选择晴朗天气，以上午8~11时授粉最好，利用刚开放的钟状花对筒状花进行授粉。露地盆栽石榴，花期下雨时要采取避雨措施，花期浇水也不要浇到花上。

在初花期至盛花期喷施1~2g/L硼砂溶液、5g/L尿素溶液，可明显提高坐果率。

### 2. 果期管理

为提高坐果率，花期可喷施100mg/L赤霉素溶液或3g/L硼砂溶液，以促进坐果。坐果时要多留头花果、二次果，不留三次果，果实过多时要疏去病虫害果、劣质果、畸形果。

## 七、病虫害防治

盆栽石榴的病虫害以预防为主，病害一般较少，一般易发生干腐病、煤污病，可将病枝剪掉烧毁。

虫害主要是桃蛀螟，在6月上旬至7月上旬幼虫未蛀果前喷布氰戊菊酯2000倍液，兼治其他食叶害虫；坐果后，可用5g辛硫磷乳油兑500g干细土，加适量水调成药泥，涂抹枝干进行防治。

## 八、越冬防寒

冬季将盆栽石榴放置在向阳的棚室内，室温不得超过5℃，以保持正常休眠。

## 第十三节
# 梨树盆栽技术

梨树的适应能力很强。盆栽条件下，根盘曲多姿，微露于盆土上，给人以坚实感；干高大粗壮，或弯曲向上犹如蟠龙，或挺拔直立犹如苍松；枝横挺层盖，长短不一，高低不同，有起有伏，动势甚明；叶伸展流畅，光洁自然，疏密有致，错落有序；花洁白如雪，芳香馥郁，令人陶醉。所以，盆栽梨树极具观赏价值，深为人们所喜爱。

## 一、品种选择

我国幅员辽阔，不同地区自然条件差别很大，梨树品种丰富，各地均有适宜的栽植品种。适合盆内栽植的优良品种较多，如早魁、华酥、绿宝石（中梨1号）、黄冠、红南国、八月红、红雪梨、红香酥、库尔勒香梨、雪花梨、鸭梨等，可根据观赏要求进行选择。

## 二、育苗技术

选择秋子梨、山梨、杜梨、豆梨等作砧木，以长势健壮，品质优良，容易挂果的梨树品种作接穗，用芽接或枝接方法进行嫁接。砧木既可以人工繁殖，也可以利用果园淘汰的老梨树或到山野采挖植株矮小，形态奇特，分枝较早，古朴苍劲的山梨等品种的老桩，经"养坯"复壮后，使其长出新的枝条，再进行嫁接。

## 三、上盆移栽

### 1. 选盆

梨树的根系发达，生长势较强，初栽时宜选用较深的素烧盆。成型后再换入紫砂盆内。紫砂盆的选用应以树体的造型要求而定，一般情况应尽量避免使用浅盆。如必须使用浅盆时，观赏期过后应将其转回较大的盆内护养，以满足树体对养分的要求。

### 2. 盆土配制

梨树在pH 5.8～8.5的土壤中均能正常生长，对盆土酸碱度和含盐量适应范围较大，喜肥，忌土壤黏重，对培养土要求疏松肥沃。

### 3. 栽植

梨树的适宜上盆时期为春季萌芽前和秋季落叶后。上盆前根据造型要求对地上部枝干适度重短截，以减少养分消耗，提高成活率。对根系的处理应以尽量多保留须根为原则，对于粗度、长度均适宜的根可盘于盆中，为将来提根打基础。对于较粗大根剪截时，应注意剪锯口角度尽量向下，以免以后提根时形成的伤口外露，影响观赏。

## 四、整形修剪

盆栽梨树适合制作直干式、斜干式、曲干式、双干式、丛林式、卧干式等多种不同形式的盆景。因梨树叶片较大，树冠多采用自然形。又由于梨树长势较强，年生长量大，顶端枝条发育旺盛，无论什么形式的盆景，都要用打头、摘心的方法控制强旺枝的生长，使其形成矮小紧凑、自然优美的树冠，并促使其由营养生长转化为生殖生长，这样有利于花芽的形成。

梨树果实硕大，是其盆景的主要观赏点，在培养树冠时应根据植株的形态及营养储备来确定果实的大小、多少与分布，使之有一定的变化。并通过拉枝、扭枝、弯曲、短截等方法，调整枝条方向，增加骨干枝数量，控制旺枝，促生短枝，培养健壮的结果枝，使盆景枝叶丰满，结果适量。梨树根系发达，可根据需要进行提根，以增加盆景沧桑古朴的意境。

## 五、肥水管理

### 1. 施肥

梨树盆栽的需肥量较大，生长季一般隔10～15d追有机肥1次。在需肥量较多的萌芽期、花芽分化期、果实膨大期，除充分追施有机肥外，还应增施磷钾肥，才能满足开花、结果、树体生长的需要。

### 2. 浇水

梨树盆栽在整个生长期均需要有充足的水分供应，并且梨树的叶片对水分十分敏感，稍有失水现象即出现萎蔫，时间稍长即出现焦枯脱落。生长季如花前期、花后期及果实速长期，如果供水不足，会直接影响坐果率、幼果生长和后期的果实增重。因此，生长季节应视盆土墒情适时浇水。温度高、空气湿度小时，要在中午或午后叶面喷水。连续阴雨天注意排水。初春视墒情及时浇水，防止抽条现象发生。

## 六、花果管理

### 1. 保花保果

保花保果的关键是前一年以保叶为中心的精细管理。在此基础上，采取人工授粉、增施养分等措施，有利于结好果、结大果。

人工授粉不但可提高着果率，还可有效提高大果率，增进品质。

花期喷施2～3g/L硼酸溶液、3g/L尿素溶液、2g/L磷酸二氢钾溶液或其他有机营养液肥能提高坐果率。

### 2. 疏花疏果

疏花疏果与保花保果是相辅相成的技术措施。盛果期的梨树，往往花芽量多，结果多，但对树体生长不利和很少生产优质果。因此，应采取"三疏"措施，即疏花芽、疏花（蕾）、疏果，控制全树的花量和适宜的留果量。

（1）疏花芽　冬季修剪时，疏除多余的花芽。使全树花芽叶芽比保持在1∶1或3∶2为宜。

（2）疏花（蕾）　疏蕾标准按每隔20cm左右留1个花序。应疏弱留壮，疏小留大；疏密留稀，疏下留上，疏除萌动过迟的花蕾。花序伸出后，应及时疏除副花序，保留正常花。

（3）疏果　于花谢后10～15d，按每花序留1～2只果疏除多余的果实，大果型每25cm左右留1只果，中果型每20cm左右留1只果。

## 七、病虫害防治

盆栽梨树病害主要有梨树黑星病，重点防治时期为花前、幼果期、果实成熟前30d左右，在这几个时期喷施保护剂800g/L代森锰锌、750g/L百菌清、500g/L多菌灵；梨轮纹病，7月中旬、8月上中旬需要喷施500g/L异菌脲、500g/L嘧菌酯各两遍。

盆栽梨树虫害主要有梨小食心虫，一年发生三代，以第3代为害最重。第3代卵发生期8月上旬至9月下旬，盛期8月下旬至9月上旬。防治药剂为生物农药阿维菌素3000倍液，虫害发生严重时每隔7d喷布1次，连喷两次。

## 八、越冬防寒

梨树的抗寒性较强，在华北中南部地区，可选择南侧无遮蔽物的背风向阳场所露地越冬，但需勤检查盆土墒情，及时补水。

## 第十四节
# 果桑盆栽技术

果桑，又称作桑葚，是广受大众喜爱的水果之一，不仅果肉软润、酸甜可口，而且具有美容保健作用，经常食用还可生津润燥、明目润肤。盆栽果桑能养出硕果累累的果桑。

## 一、品种选择

果桑有许多品种，而最适合盆栽种植的有两种：黑桑和白桑，这两个品种的果桑植株高度均不超过2m，比较适合盆栽种植。也可以选择其他的高植株果桑，只不过需要多进行修剪，保持一定高度。

## 二、购苗

用种子繁殖果桑，其发芽率非常低，而且从种子发芽到长成果树需要几年，等待5～10年才能长出果实。如果植株是雄性植株，则无法结果。所以，建议到专业的苗圃购买已经嫁接好的果苗，这样，自我繁殖的植株在1～2年内就能结果。

## 三、上盆移栽

### 1. 选盆

素烧盆和木质盆最适宜栽种果桑。为增加其观赏性，也可采用塑料盆，但因塑料盆透气性差，可先在盆底铺垫5cm厚的粗沙，并沿内壁垫一层新瓦，然后填土栽树。

根据果桑的根系生长特点，刚开始时应选择比较小的容器，待到植株的根部繁茂至盘结时，再换到更大的树盆里。

## 2. 盆土配制

使用肥沃的、排水性良好的、中性或弱酸性pH的盆栽土壤，是果桑能够健康成长繁殖的关键。培养土配制比例为熟化的田园土6份，河沙2份，腐熟的马粪土1份，腐叶土1份。将其充分混合均匀，碾细过筛即可。

## 3. 培养土的消毒

培养土在使用前应进行消毒处理，可采用蒸煮消毒、烘烤消毒、太阳暴晒等物理消毒方法。

## 4. 栽植

一般在早春苗木未萌芽时，选用健壮、芽眼饱满、无病虫害的苗木栽植。栽前用多菌灵浸根消毒，并剪去坏死根。栽时先把少量营养土装入盆底，然后放入苗木，将根系摆布均匀，埋土填实。栽后盆土要低于盆沿5~6cm，并及时浇透水。

## 四、整形修剪

盆栽果桑修剪，既要考虑其生长结果，又要使其具有一定的观赏性，所以除培养成中庸树势外，还要通过绷扎等手段，使树形美观、内外结果。

定干高度，以干高相当于盆体高度或高出盆体一倍为宜。生长季采用拉枝开角、摘心技术，控制旺长，促壮主干，促发新枝。对有空间的徒长枝和竞争枝可通过拉枝、扭梢、摘心、刻伤、环剥，促使其花芽形成，达到早结果多结果的目的。

当盆栽果桑树形已基本确立时，选留枝条，以树冠空间占满为宜，同时培养中、短枝结果枝组，使树冠结构保持稳定。

## 五、肥水管理

## 1. 施肥

在萌芽前施1次速效氮肥，适量配合磷肥，促使萌芽开花整齐。在叶片长成后，可用1g/L的磷酸二氢钾溶液每隔10d进行1次叶面喷肥，连喷4~5次，以促进幼果膨大、新梢生长。叶面喷肥注意喷布叶背面，以提高吸收效果。但应避免在高温和强日照条件下进行，以免灼伤叶片。

## 2. 浇水

果桑叶片较大，叶片蒸腾所消耗的水分较多，所以生长季应注意及时浇水。但休眠期要严格控制浇水，以盆土不过干为度。

## 3. 换盆

2~3年换盆1次，换盆时间宜在苗木休眠期进行。换盆时保留原盆土20%~40%，并对长根、衰老根以及多余的根进行修剪，然后换上新的培养土，栽植于原盆或较大的盆中，换土后浇1次透水。

## 六、花果管理

### 1. 追施膨果肥

春季5月初为开花结果期，这个时候需要追施1次膨果肥，为使幼果迅速膨大，每株施氮磷钾复合肥0.15～0.2kg。此外，选用3g/L磷酸二氢钾溶液等进行根外叶面喷施。

### 2. 加强通风透光

当桑果快成熟时，应将果桑枝条中、下部较密集的桑叶适当摘除，以加强通风透光效果，增加桑果糖度。

## 七、病虫害防治

盆栽果桑发生的病害有霉菌、叶斑病及根腐病，其最根本的防治方法是避免过量浇水。发生的虫害主要有蓟马、白蝇、叶螨等，因为是盆栽小面积种植，使用相关杀虫剂即可。

## 八、越冬防寒

### 1. 阳台越冬

盆栽果桑为了方便管理，可将其放在阳台内越冬，但要用草、棉布、报纸等包扎防寒，外面再套上塑料袋保温、保湿。

### 2. 埋土防寒

在庭院里选择背风向阳、排水良好的地方挖防寒沟，沟深与盆高一样，埋好后要在盆上放一层树叶或草苫，再用土埋好防寒。

# 第十五节
# 杏树盆栽技术

杏树适应性强，结果早，寿命长，对栽培条件要求低，适于盆栽。盆栽杏树树体矮化，移动方便，利于集中休眠、分散管理，且杏果色彩艳丽，果形美观，气味芬芳，营养丰富，十分适合在宅院、楼房阳台等处栽植。

## 一、品种选择

杏的品种很多，盆栽杏树应选择果大、色泽艳丽、观果期较长、开花期较晚、易躲避早春晚霜危害的品种。如金寿杏、兰州大接杏、白梅杏、串枝红、河北大香白杏、水晶杏等，均为盆栽的优良品种。

## 二、育苗技术

杏树育苗是用种子繁殖的，然后用普通实生杏苗或桃苗作砧木，通过嫁接培育而成的。一般在秋季土壤结冻前，把砧木种子直接点播于开沟的圃地中，播深5～7cm，播后覆土、灌水，次春出苗率可达90%以上。再于第3年春季，选优良品种进行枝接。也可采用春播、夏秋芽接法育苗。

## 三、上盆移栽

### 1. 选盆

盆栽杏树的第1年、第2年，可选择内径20～25cm的花盆，以后随着树龄的增加，通过倒盆逐渐换成大口径花盆。花盆质量以陶瓷盆、木盆为好，瓦盆次之。因树体越来越大，所以一般不用塑料盆。

### 2. 盆土配制

杏树适应性较强，对土壤要求不严，营养土要求用1/2厩肥土（腐熟的牛粪或马粪）+1/2园土，加入少量沙子，$1m^3$营养土再加入1kg 25%氮磷钾复合肥混合拌匀。

### 3. 栽植

选根系发达、生长健壮的苗木，萌芽前定植。在底部渗水孔上放几块碎瓦片，盆底放2cm厚粗沙，再加入部分营养土。栽植深度以刚盖过苗木原土印为宜，嫁接口应露出土面，营养土装至盆80%为宜，留出20%左右的沿口以利浇灌，上盆后浇1次透水。

## 四、整形修剪

盆栽杏树干性强，整形时多采用主干形，定干高度为20～30cm，侧枝萌发后，选择4～5个对称的枝作主枝，主枝上着生枝组。当主枝长到12～15cm时摘心，促发副梢。修剪可在萌芽前和生长期进行。

幼树冬季修剪要坚持轻剪的原则，对于临时性枝条，根据其生长情况，可采用缓放、去强留弱、开张角度等方法处理，使其来年形成花芽，提早结果。夏季修剪除摘心外，在萌芽前后拉枝以加大枝条角度，提高萌芽率，增加短枝量，促进成花。

对于过密的临时性枝条要及时疏除。

## 五、肥水管理

### 1. 施肥

施肥主要施饼肥沤制的有机液肥，肥液要求用1kg干肥经浸泡发酵后加水稀释到200kg，施用效果最好。施肥原则：薄肥勤施、防止肥害。从杏树花期直到采果，每隔7～10d施1次有机液肥。此期间，花期可追施1～2次1g/L的尿素溶液，果膨大期可追施1～2次1g/L磷酸二氢钾溶液，促进果实发育。

### 2. 浇水

杏树花期对湿度要求较高，晴天每天应浇透水，保持盆土潮湿。早春和秋季据盆土状况，2～3d浇水1次。冬季应控制浇水，可视越冬环境，10～15d检查1次，防止盆土过干。

### 3. 温度

定植初期，温室内白天控温在20℃左右，夜间为2～5℃；7d后，白天25～28℃，夜间5～8℃；幼树生长期白天最高温度不超过30℃，夜间不低于5℃；开花期温度要求在22℃以下。

### 4. 倒盆

盆栽杏树一般2～3年倒盆1次，在休眠期将杏树从盆中拔出后去除根垫，并将根部周围及底部土去除1/4～1/3，同时对地上部适度修剪，按上盆法重新栽植。

## 六、花果管理

杏树开花早，易遭霜冻，直接影响盆杏的坐果，可采取如下措施：

（1）选择开花较晚的品种，如陕西永泉梅杏、山西永济白梅杏。

（2）在芽膨大期喷布1g/L青鲜素（MH），可推迟花期4～6d。

（3）杏树能自花结实，但为提高坐果率，仍需进行人工异花辅助授粉或蜜蜂授粉，并进行花期喷硼或尿素溶液。

（4）花后14d，疏去畸形果和过密果，长果枝留3～4个果，短果枝留1个，每盆30个果左右；隔10d着重疏除过密果，每盆留果20个左右。

## 七、病虫害防治

盆栽杏树的病虫害主要有杏仁蜂、桃蚜、桑子蚧、天牛、桃小食心虫和杏疔病等。防治方法为结合修剪、剪除病虫枝。常用药物有100g/L吡虫啉、菊酯类农药、650g/L代森锌、多抗霉素、农抗120（嘧啶核苷类抗菌素）等。

## 八、越冬防寒

盆栽杏树在冬季可放入冷室内安全越冬，在冬天不太冷的地区也可露地越冬，在盆上覆盖一些草。在寒流来临之前检查盆土是否干燥，如盆土干燥要浇1次透水，让盆栽杏树安全越冬。

## 第十六节
# 李树盆栽技术

李是蔷薇科李属植物，其果实饱满圆润，玲珑剔透，形态美艳，口味甘甜，是人们最喜欢的水果之一。李子以其艳丽多姿的形态色泽，芬芳浓郁的果香，深受人们的喜爱。李树盆景既可观花、又可观果、备受人们的欢迎。

## 一、品种选择

盆栽李树宜选用果色鲜艳、丰产、生长势稍弱的品种。李的品种十分丰富，我国传统的优良品种有夫人李、嘉庆李、携李、红香李、玉黄李、密李、五月李等。目前，在生产中推广应用的国产和引进的国外李品种主要有大石早生、日本李王、密思李、玫瑰皇后、黑宝石、美国大李、昌乐牛心李、先锋李等。

## 二、育苗技术

李树在生产中常采用分株育苗、扦插育苗和嫁接育苗。

### 1. 分株育苗

李树根际萌蘖可供分株繁殖，通常采用根际堆土的方式，促进水平根上形成不定芽，待萌芽抽梢后，第2年将根蘖苗与母株分离，成为独立的小苗进行移植。

### 2. 扦插育苗

从无病区采剪盛果期健壮母树当年生带叶嫩枝（早春扦插可采集上年未萌枝，粗度以0.7cm左右为好）作插穗，长度为10~20cm，上部保留2~3片叶，将其基部约2cm长的部分浸入浓度为0.05~0.1g/L ABT生根粉1号溶液或0.25g/L萘乙酸溶液中0.5~1h。

用刀将插穗基部削尖。扦插前，先用小木棍在扦插床上打孔，然后再将插穗插入孔内，扦插深度为5~8cm，株间距为6~8cm。扦插后立即浇水并及时扣棚保湿。待根数达10根以上，根的长度平均达5cm以上时，即可移植。

### 3. 嫁接育苗

将野生的桃、李、樱桃等树桩移栽成活后在离地面6～10cm处剪断或锯断作为砧木。选用发育充实的1年生、粗壮芽饱满无虫害的半木质化枝条作穗条，取段长7cm左右，留5～7个芽作为接穗，一般在砧木芽萌动前或开始萌动而未展叶时进行，常用劈接法。

## 三、上盆移栽

### 1. 选盆

初栽时可选择内径25～30cm的塑料花盆。随着树龄的增大，通过倒盆将花盆换成内径30～40cm的花盆。为增加景观效果和管理方便，以陶瓷盆或素烧盆为好。

### 2. 盆土配制

李树盆景因容器有限，必须在有限的盆土里含有充足的肥力，才能维持李树生长与结果的需要。一般应用腐烂树叶4份，腐熟的圈肥、碎骨2份和园土4份混合，适当混入少量过磷酸钙、磷酸二铵等，增加土壤肥力。将盆土充分混合均匀，碾细过筛，使用前应洒入15 g/L福尔马林溶液消毒。

### 3. 栽植

栽植时让根系舒展，培土压实，灌透底水，放置于阴凉处缓苗。

## 四、整形修剪

李树盆景的树形，既要利于结果，又应具有美学效果，提高其观赏价值，通常以自然圆头形、塔形为主，也可根据个人爱好将其塑造成喜爱的树形，如悬崖式、曲干式等。上盆后，在1～2年应充分利用撑、拉等措施开张枝条角度，以提早结果。

（1）1年生枝　修剪时，着重对其进行适度短截，刺激枝条萌发，形成结果紧凑的小冠树形。

（2）幼年树　在选留、培养好主侧枝、完成整形任务的同时，要平衡好树势，维持好各级骨干枝的主从关系，长势过强的骨干枝应适当剪除。

（3）初结果树　以短果枝和花束状果枝结果为主。植株进入结果期后，可据其生长的强弱，留基部2～3个饱满芽重截。对过长枝可缩剪至2年生枝处，使整个树冠内的中、小枝组分布紧凑。

## 五、肥水管理

盆栽李树盆土中的有机肥远远不能满足其生长发育的需要，所以生长期必须加强肥水管理。

1. 施肥

施肥以有机肥为主，合理施用化肥。上盆时适量掺入腐熟的有机肥；在萌芽前或开花前施1次速效氮肥，每株浇肥水约1kg，以促萌芽开花整齐。在开花盛期、末期进行根外追肥，可用3g/L尿素溶液或2g/L磷酸二氢钾溶液，每隔10～15d喷施1次，连喷施2～3次，以促进幼果膨大，加速新梢生长。6月下旬至7月上旬是花芽分化的时期，可施淡有机液肥，每隔10d左右喷施1次，连续2～3次，以促进花芽分化，并可提高坐果率。在8～9月植株生长旺盛时，为控制新梢生长，应停止使用氮肥，以施磷钾肥为主，但要薄肥勤施。

2. 浇水

李树盆栽的水分要适当控制，夏季1d必须保证浇1次透水，浇水时间应在早晨和傍晚进行，避免高温的中午浇水；春秋浇水要掌握"见湿见干"的原则，一般2～3d浇水1次；休眠期要严格控制浇水，以盆土不过干为度。

3. 倒土换盆

盆土中的养分在频繁的浇水中逐渐被淋洗掉，2～3年后，盆土中肥力不足，结构变劣，需要及时倒盆，增添新的培养土。倒盆前停止浇水，让土壤干缩与盆壁分离，以便倒出盆土。土团倒扣出来后，削去李树在盆土四周2～3cm厚的老根，对拥挤过密的老根进行疏剪，将有机肥与土壤拌匀过筛填充底部。再带土团上盆，周围再加入肥土填充，浇1次透水。

## 六、花果管理

1. 人工辅助授粉

人工授粉是防止落花落果、提高坐果最有效的措施。李树的多数品种，具有自花不亲和性，自交结实率很低，需要异花授粉才能正常结果。

2. 喷施激素和营养元素

花期喷施激素和营养元素可促进花粉管的伸长，促进坐果。一般花期喷施30mg/kg赤霉素溶液或3g/L硼酸溶液，可明显提高坐果率。

3. 花期环剥

在花期对主干进行环剥，环剥宽度为主干直径的1/10，可有效提高坐果率。

4. 疏花

疏花一般在蕾期和花期进行，采用人工疏花。疏花的方法，选疏结果枝基部的花，留中上部的花；李树中上部的花芽留单花，预备枝上的花全疏掉。

5. 疏果

原则上越早越好，这样有利于果实膨大，果实整齐，着色好，含糖量高。应在第2次落果开始后进行。成熟期早、生理落果少的品种，可在花后25～30d一次性完成疏果任务。

## 七、病虫害防治

盆栽李树病害主要有细菌性穿孔病、二轮纹病、褐斑病、白粉病等。其防治可用5g/L石灰倍量式波尔多液，在4月下旬或5月初喷布1次，以后每隔15d再喷布2~3次。如发生细菌性穿孔病，发芽前喷布5°Bé石硫合剂1次。树上和树下地面全面喷布，杀灭越冬病原菌。谢花后及幼果期，结合治虫各喷布杀菌剂1次，如克菌康600倍液，或蓝亚（含代森锌）1500倍液，或65%代森锌600倍液进行防治。摘果后的8~9月仍是病害发生季节，应该选用上述杀菌药再继续喷布2~3次进行防治。喷布要周到细致，叶片正反面、枝条和树干全喷均匀。

虫害主要有食心虫、红蜘蛛、卷叶虫、刺蛾等，发生虫害可喷杀螟松1000倍液或吡虫啉1500倍液防治。

## 八、越冬防寒

李树是北方果树，一般不宜在室内越冬，让其在室外自然越冬休眠，这样可以提高树体抵御各种自然灾害的能力。为防止发生冻害，可选择天气晴朗时在土壤封冻前浇1次透水，待水渗下后用草袋将整个容器包裹，用绳子捆紧，也可在背风向阳处挖沟将其埋藏。

## 第十七节
# 无花果盆栽技术

无花果别名蜜果，为桑科榕树属落叶灌木或小乔木。花序轴膨大似小果状，单个着生在叶腋间，中央部位向下凹陷可形成中空的囊状体，顶部有孔，在内壁上着生许多单性小花，有雌花也有雄花，组成隐头花序，外面看不见，故有无花果之称。

无花果枝干光洁，树姿优美，叶形独特，具有很高的观赏价值，而且果实香甜可口，营养极为丰富。盆栽无花果5~6年生，每盆可结果100个左右，结果期长达3个月，青枝、绿叶、红果，可观赏品尝，别具特色，也可制作成根桩盆景。

### 一、品种选择

无花果的优良品种有五种：黄果一号、绿果一号、麦司衣陶芬、布兰瑞克、蓬莱柿。无花果的各个品种营养价值无差别，盆栽以绿色无花果为好。

## 二、育苗技术

通常多采用扦插繁殖。苗圃内的优质品种苗木可以用来盆栽，也可用小瓦盆繁育苗木。将修剪的无花果枝条剪成20cm左右，在3～4月插入内径20cm有营养土的瓦盆中，每盆插入1～2根枝条，插后及时浇水，保持盆土湿润，生根后在夏季施2～3次有机液肥以促进其生长，培育壮苗，秋后即可成为盆栽苗木，也可在早春挖下根茎上萌发的根蘖苗分栽，精心培养两年即可壮大结果。

## 三、上盆移栽

### 1. 选盆

无花果根系较发达，需要较大的容器栽培，常用的盆有瓦盆、紫砂盆、塑料盆等。产果为主可选用瓦盆，直径以40～50cm为好，不能小于30cm，高度可与盆径相仿，也可稍大于盆径。以观赏为主的植株可选用紫砂盆、釉盆等。

### 2. 盆土配制

盆土要求疏松、富含有机质、保肥、保水和透气性较好。以山地阔叶林下的腐殖土最理想。采用多种材料配制盆土，如用园土40%、草炭40%、沙土20%或用腐熟厩肥1/3、园土1/3、沙土1/3，也可在每立方米营养土中加1kg含量为25%氮磷钾复合肥。

### 3. 栽植

在无花果休眠期。选择合适的无花果苗木，苗木要粗壮，根系发达。盆的渗水孔上放2～3块碎瓦片，填上一层粗沙，放一层营养土后将苗木放入盆中扶正，加入盆土后轻拍盆边轻轻提一下苗木，最后加土压实。盆口稍留几厘米不填土，作为浇水的水口。上好苗木后浇1次透水。经常保持盆土潮湿，盆土下沉后再适当补充一些营养土。

## 四、整形修剪

盆栽无花果早春上盆，幼苗只留矮小主干，进行短截。发芽后，选留剪口附近均匀分布的3～5个芽发展成主枝。当年7月下旬摘心，以防枝条徒长，并促进茎部芽点充实。第2年春，在主枝15cm左右处剪截。萌芽后，每一主枝上留2～3个芽，养成结果枝，多余芽全部抹掉，树形基本形成。第3年结果后，横生的结果枝已围绕主干自下而上构成一个整环，每年可进行更新修剪，以防止结果部位外移，保持结果能力，避免环形枝重叠，从而形成优美的树形。以后每年冬季，将生长紊乱的交叉枝、过密枝、病弱枝以及基部萌发的分蘖枝剪去，保持通风透光，使株姿匀称健壮。

## 五、肥水管理

### 1. 施肥

防止施肥过量，造成肥害。氮、磷、钾肥要适当配合，肥料浓度要小。一般生长季节每隔15d施1次经浸泡发酵好的豆饼水、兽蹄角水或尿素稀释液。秋季8月下旬可施1次氮磷钾复合肥或过磷酸钙、骨粉和草木灰等。

### 2. 浇水

盆栽无花果的浇水基本可以根据其枝叶生长的进度来决定浇水量的多少。春季枝叶萌发时，浇水量要较少一些，盆土保持一定湿度。随着枝叶的长大，气温逐渐升高，无花果也进入果实挂果期，此时应加大浇水量，早晚各浇水1次，保持盆土湿润。如果浇水不及时，很容易发生枝叶萎靡、掉果等现象。植株进入秋季果实成熟期后，则要减少浇水量，水分过多会造成果实开裂。

### 3. 换盆与修根

盆栽无花果定植盆中后1~3年应换较大的盆。盆栽无花果如果不换盆也应2年左右换1次盆土，并要进行修根。换盆时间一般在落叶后至萌芽前。先将盆中的无花果从盆中带土取出，再将部分老根剪去。根系过多时应适当疏去一部分，长成根团的根系要剪短，可以剪去1/3左右。剪口要平，这样根系可以迅速恢复。另外，作盆景栽培的无花果在换盆换土时适当提根，并对根适当整形，可培养为根桩式无花果盆景。根系整完后，将配好的营养土与无花果装入原盆或新盆中，浇1次透水。

## 六、花果管理

无花果木质韧度差，遇大风易吹折，所以经常刮大风的地方不宜放盆栽无花果。无花果的树皮碰伤后不易愈合，可造成植株干枯变色，生长不良，平时要加以保护。无花果的剪锯口不宜留长桩，留长桩伤口不易愈合，会造成枯桩，影响到下部健壮枝条的生长。幼果长出以后，在同一节间长出两个以上的幼果会相互影响生长，应及时疏掉过多的幼果，每节间只留1个幼果，可提高果实质量。

## 七、病虫害防治

无花果的病虫害极少，基本不用喷药。

## 八、越冬防寒

无花果不耐寒，气温达-12℃时新梢顶端会受冻害。在-22℃~-20℃时，根茎以上部位会受冻害。室外养护的盆栽无花果在秋末霜降前后要及时入室。室内养护的则要放置在阳光充足、通风好的阳台客厅等处养护。冬季无花果进入休眠期，生长趋于停滞，此时可以视室内温度的高低来灵活浇水。室温较高的可以稍多浇些水，而如果放置在室温在5℃左右的房间时，则要控水，盆土尽量保持稍干燥，这样才能安全度过冬天。春天到来时，应及时将盆搬到室外，便于光照，提高土温。

## 第十八节
## 贴梗海棠盆栽技术

贴梗海棠为蔷薇科木瓜属植物，落叶灌木，株高2m，叶片卵形至椭圆形，长3～10cm，宽1.5～5cm，叶柄长1～1.5cm，花2～6朵簇生于2年生枝上，直径3.5～5cm，其枝秆丛生，枝上有刺，其花梗极短，花朵紧贴在枝干上。其花朵鲜润丰腴、绚烂耀目，是庭园中主要春季花木之一，既可在园林中单株栽植布置花境，亦可成行栽植作花篱，又可作盆栽观赏，是理想的花果树桩盆景材料。果实称作皱皮木瓜，作中药材使用时简称木瓜，是我国特有的珍稀水果之一，具有很高的药用价值和食用价值，产于浙江、安徽、河南、江苏、山东、河北等地。

### 一、品种选择

常见栽培品种有大红花、无刺矮白、日本粉、重瓣内红开米欧、重瓣贴梗海棠、白贴梗海棠、红贴梗海棠、矮贴梗海棠。变种有木瓜海棠、龙爪海棠、日本贴梗海棠（日本木瓜）。

### 二、育苗技术

贴梗海棠的繁殖主要用分株、扦插和压条，播种也可以。播种繁殖可获得大量整齐的苗木，但不易保持原有的品种特性。贴梗海棠分蘖力较强，可在秋季或早春将母株掘出分割，分成每株2～3个枝干，栽后3年又可进行分株。一般在秋季分株后假植，以促进伤口愈合，第2年春天即可定植，第3年即可开花。硬枝扦插与分株时期相同，在生长季中还可进行嫩株扦插，将长15cm左右的株段，插于素沙内或素土中，浇透水并保湿，一个多月后可发叶。扦插苗2～3年即可开花。

## 三、上盆移栽

### 1. 选盆

贴梗海棠常用深的长方形或椭圆形盆，正方形和圆形盆亦可，悬崖式造型海棠则用深千筒盆。质地以紫砂陶盆或釉陶盆为宜，其他质地亦可。

### 2. 盆土配制

对土质要求不严，微酸性土或中性土均可，但以疏松肥沃、排水良好的腐叶土或田园土为佳。上盆时，盆底垫层沙土或蛭石，以利于排水。

### 3. 栽植

春、秋两季均可，以休眠期为宜。栽前须剪短粗根、长根，勿使其蟠屈于盆中。栽后浇透水，放置庇荫处1～2周，再移至光照充足处。

## 四、整形修剪

修剪的目的是通风透光、调节营养配给，多在开花后进行，一般将开过花的枝条剪短，以促使分枝和花芽的形成，增加来年开花数量。

同时，对徒长枝、交叉枝、重叠枝等影响美观的枝条也要及时剪去。落叶后休眠期可进行整形修剪，修除病枯及衰老枝，以保持一定树形。

贴梗海棠多采用棕丝攀扎加工，结合修剪造型。小盆景也常用金属丝攀扎造型。因贴梗海棠生长较快，故应注意及时拆除棕丝或金属丝，以防"陷丝"。加工以在开花后或休眠期进行为宜。

## 五、肥水管理

### 1. 施肥

冬季宜施足基肥，以干饼肥或腐熟厩肥以及骨粉最好。生长期间除梅雨季节外，应经常追施稀薄肥水。

### 2. 浇水

平时保持盆土湿润即可，但须注意防止盆中积水，否则易烂根。春夏生长期盆土也不要过分干燥，尤其在开花期间要保持盆土有充足水分。

### 3. 翻盆

翻盆宜每隔2～3年进行1次，最好在春季开花后进行，秋季亦可。翻盆时结合修剪根系，在盆底放基肥。

## 六、花果管理

贴梗海棠管理较简单，因其开花以短枝为主，故春季萌发前需将长枝适当短截，整剪成半球形，以刺激植株多萌发新梢。在夏季生长期间，对生长枝还要进行摘心。在栽培管理过程中，要注意旱季浇水，伏天最好施1次腐熟有机肥，或适量氮磷钾复合肥。盆栽催花，可在9～10月间掘取合适植株上盆，先放在阴凉通处养护一段时间，待入冬后移入15～20℃温室，经常在枝上喷水，约25d后盆栽植株即可开花，可用作元旦、春节观赏用。

## 七、病虫害防治

贴梗海棠常有锈病侵害叶片，可喷洒0.5°Bé石硫合剂进行防治。虫害主要有蚜虫、红蜘蛛等，可用18g/L阿维菌素3000～4000倍液、螨危（螺螨酯）4000～6000倍液进行防治。

## 八、越冬防寒

贴梗海棠较能耐寒，可埋盆于土中，也可放于室内窗口处。

## 第十九节
# 水蜜桃盆栽技术

水蜜桃果实呈圆形，果顶较尖，缝合线平，两侧稍偏；成熟后果皮呈黄色，阳面红色，外观亮丽，茸毛较少，皮薄韧，易剥离；果肉呈橙黄色，肉质松软，汁液多，纤维少；半黏核，口味甜浓，品质上等。水蜜桃易栽培，生长势强，成形快，结果早产量高。日光温室栽培的于4月中旬成熟。

## 一、品种选择

水蜜桃的优良品种有阳山水蜜桃、新川中岛桃、香山水蜜桃，此外常见的栽培品种还有深州水蜜桃、凤凰水蜜桃、南汇水蜜桃、龙泉水蜜桃、奉化水蜜桃、穆阳水蜜桃、蒙阴水蜜桃。

## 二、育苗技术

水蜜桃常用嫁接法育苗，以毛桃为砧，于春、秋季嫁接。盆苗应选在6月初嫁接，生长时间长，当年易成大苗。嫁接位宜低，在5~10cm范围内，以避免高脚苗。盆苗应选择根系发达、生长健壮、茎粗0.7cm以上的大苗。苗大，生长快，发枝强，易成形，早结果。

## 三、上盆移栽

### 1. 选盆

小苗期间可用小盆培养，盆底部有多个排水孔的塑料小花盆或塑料营养钵（20~25cm），可提高温室利用率。小苗长大后可换大盆（50cm），应选底部有8~10个排水孔的塑料大花盆。

### 2. 盆土配制

配制方法：耕作层土壤0.4m³，废基质（无土栽培废弃基质）0.4m³，有机肥50kg，复合肥2kg，多菌灵500g。将以上配料按其多少分层混合堆积，上下拌匀，即可装盆。

装盆前花盆最好用3°Bé石硫合剂刷盆消毒处理，小盆倒大盆时，小盆苗不浇水，盆土略干为好，盆土不易散开。将小盆倒出，大盆少许装土。

### 3. 栽植

将苗土托放入盆土中扶正，栽苗后苗根土面距大盆沿应留5cm的距离，留有存水空间。加土埋好压实盆土，及时浇足底水。

### 4. 摆放

一般温室内采取南北行向摆放盆苗，有利于植株接受光照和作业管理。为了充分利用温室内有限的空间，小苗期小盆定植小苗，一排摆放4个盆，行距宽60cm；结果前大盆可摆放2盆为1行、行距宽1m，盆与盆挤紧，即双行带，行距宽60cm；结果期大树，可摆单行带，盆距30cm，行距宽1~1.2m。

## 四、整形修剪

水蜜桃温室盆栽栽培，为了提高温室空间的利用率，应采取纺锤形树形，这有利于提高温室的综合效益。整形修剪应采取长放与回缩相结合、短截与疏枝相结合、幼树阶段以生长期修剪为主、成形后以生长期与休眠期修剪相结合的整形修剪技术。

### 1. 树形特点

纺锤形树形，只留一个中心干，距盆面20cm以上开始留枝。中心干上每隔10cm左右的距离留1个枝，全树共着生16~20个枝。树高1.7m左右，冠径达0.8~1m。中心干要用长1.5m的合金杆或竹竿，在盆内立支柱起到直立支撑作用，并用2根横竹竿分别在平行于地面90cm及上部1.5m处，相距60cm，在株与株之间相互连接绑缚成井字形篱壁式架体，再在架体上绑缚固定中心干及枝条。

### 2. 整形修剪技术

水蜜桃长势强，成形快，结果早。小苗盆栽定植当年苗高可达1.5m以上。一般当年新梢会萌发大量的二次新梢枝，要充分利用二次新梢枝培养纺锤形树形，水蜜桃植株成形快，一年基本能成形。

## 五、肥水管理

### 1. 施肥

（1）速效肥　换大盆（50cm）后，根据苗木大小在距离苗干15～20cm处向外至盆边的地方施肥，每次要在不同的对称的两个方位，即东和西、南和北、东南和西北、西南和东北方位依次轮转交替追肥，不应在相同位置重复施肥。应使盆内每个方位都施有肥料，而且又不会一处多次伤根。

按上述方位一般采取挖坑施肥，用小尖铲挖坑7～10cm，施入肥料后及时埋坑。也可散施肥料，对于易溶于水的肥料采取撒施。

一般苗木移入温室后，早春（1～4月）每25d左右追肥1次。以1次尿素溶液，1次尿素溶液+氮磷钾复合肥各半掺和追施；夏季（5～8月）每30～35d追施1次，以氮磷钾复合肥+尿素溶液各半，再追1次多元微量元素混合肥。秋季9月上旬追施1次钾肥（硫酸钾）。根据苗木大小株施肥20～50g/次，最多不超过50g/次，以少量多次为原则，撒施肥料20g/次，施肥后及时浇水，让其迅速融化分解被植株吸收。

（2）叶面肥　叶面肥以3～5g/L尿素溶液（温度高时3g/L，温度低时5g/L）、3g/L磷酸二氢钾溶液为主。同时，根据桃树的生长需要，喷施其他元素的肥料，如2～4g/L硫酸亚铁溶液、2g/L硼砂溶液、5g/L硫酸锌溶液、3g/L硫酸钾溶液等。根外追肥因浓度低，应连喷2～3次，中间相隔10d左右，为了提高喷施效果，应于下午4时后或傍晚进行，但喷施必须有针对性，才能收到理想的效果。

（3）缺素症追肥　桃树少数苗木会发生黄叶现象，根据苗木大小株施硫酸亚铁30～50g，追施方法与挖坑施肥相同，一般3～5d可复原，或喷施硫酸亚铁2～3次。

（4）有机肥　每年应在9月追施1次有机肥（谷润有机肥）每株500g，应按追肥次序，施肥后浅翻盆土。

### 2. 浇水

盆栽桃树浇水，在盆土面略干时再浇水，每次浇水要浇透，春、夏季勤浇水，秋季少浇水，开花期不浇水。

## 六、花果管理

水蜜桃成花容易，温室内盆栽必须采取人工授粉才能坐果。从上年12月30日移入温室升温到第2年1月18日，就个别枝开花，一共需20d。花期15d，开花第2天、第3天雄蕊有花粉，可开始人工授粉，单花开放时间为6～7d。

人工授粉要用自制的软鸡毛小掸，在花朵雄蕊上轻碰擦一下，使雄花的花粉接触到雌蕊上，即可完成授粉。授粉时间宜在上午9～10时或下午3～4时。水蜜桃在温室内开花时间不一致，前后相差十几天时间，因此多授几次，效果更佳。一般早开花和后期开花的坐果率较差，盛花期开花的坐果率较高。

## 七、病虫害防治

水蜜桃病虫害较少，主要病害有流胶病、果实褐腐病、细菌性穿孔病等。主要虫害有红蜘蛛、蚜虫、梨小食心虫、桃小食心虫等。

对于流胶病、果实褐腐病、细菌性穿孔病，可在发病前或刚采摘时喷布甲基托布津800倍液，达到主治与兼治的效果。

对红蜘蛛可用哒螨灵（螨绝）杀螨剂1500倍液进行防治。

对蚜虫可用啶虫脒或吡虫啉1000～1500倍液防治。

对梨小食心虫、桃小食心虫（在室外易发生）可用高效氯氰菊酯1500倍液+阿维菌素1500倍液防治。对梨小食心虫还可剪除被害新稍尖集中烧毁或直接捏死害虫。

## 八、越冬防寒

水蜜桃属亚热带落叶果树，需冷量较低。北方栽培，冬季需防寒越冬，又需浅休眠集聚一定的需冷量，才能在温室内提前升温、生长、开花结果。采果后即可撤去温室棚膜露天管理，或将盆栽苗移出温室外管理。

## 第二十节
# 余甘子盆栽技术

余甘子又名油甘子（*Phyllanthus emblica* L.），大戟科叶下珠属乔木，又有余甘树、油甘子、庵摩勒、橄榄、滇橄榄、园酸角、油柑、望果、牛甘子、久如拉（藏语）、麻项邦（傣语）等名。叶片呈纸质至革质不等，呈两列，线状长圆形，长8～20mm，宽2～6mm，顶端截平或钝圆，有锐尖头或微凹，基部呈浅心形而稍偏斜，上面绿色，下面浅绿色；多朵雄花和1朵雌花或全为雄花组成腋生的聚伞花序；蒴果呈核果状，圆球形，直径1～1.3cm，外果皮肉质，绿白色或淡黄白色，内果皮硬壳质；种子略带红色，长5～6mm，宽2～3mm。花期为4～6月，果期为7～9月。果实初食味酸涩，良久呈甘味，故名"余甘子"。

余甘子主要分布于印度、泰国、马来西亚等热带和亚热带国家以及中国海南、福建、广东、广西、云南等地。余甘子果实中含有大量的超氧化物歧化酶（SOD）、鞣质、维生素C、黄酮和多糖等物质。

## 一、品种选择

我国余甘子种质资源丰富，90%以上仍处于野生或半野生状态。随着余甘子果实及有效成分的开发利用，越来越多品质优良的品种被选育出来，如兰丰1号、TZ1、BLG1、特甜、榕甜、甜种、玻璃甘、青皮、饼甘等。研究表明，青皮和兰丰1号的品质较好，可以作为盆栽的首选品种。

## 二、育苗技术

### 1. 播种

播种前将种子放入40℃温水中浸泡24h后播种，覆土厚度1～2cm，为保证土壤湿度，表面覆盖稻草1～2cm。一般情况下，播后30d左右小苗出土。当50%以上幼苗出土时，除去覆盖的稻草，以免幼苗弯曲、长势弱。幼苗长出4～5对叶时，少量追施液肥，每隔7～10d追施1次，随着幼苗的长大，施肥量也应加大，减少施肥次数。

对于嫁接苗，砧木径粗达0.8cm以上时即可嫁接。选取优良品种母株树冠中上部健壮的1～2年生枝条作为接穗。采穗前一周对枝条进行摘心，采穗时芽眼正处于萌动活跃状态，有利于植株成活。用芽接或单芽腹接，在夏季嫁接芽接的效果最好。

### 2. 扦插

早春腋芽未萌动之前，在且性状优良的健壮母株上剪取已经木质化的2年生枝条作为扦插条，插条长15～20cm，每根上有3～4个腋芽。为促进生根，可将扦插条下部5cm沾生根粉后在苗床上按株行距20cm×30cm、深5cm斜插土中，注意不能将插条倒插。一般插后14～21d，地下部就会产生愈伤组织，形成根系，地上部的腋芽开始萌动。在苗高50～80cm时可以出土移栽。扦插育苗时，可在扦插盆上部罩一个塑料袋，使其形成一个相对密封的空间，这样有利于保持土壤、空气具有较高的湿度和温度，提高扦插苗的成活率。

## 三、上盆移栽

春季，植株需要上盆或换盆移栽。微碱或微酸性土壤均适宜植株生长，盆栽一般可选择直径30～40cm的花盆，土壤选用配置土壤，土壤比例为园土：腐熟有机肥：草炭土为5∶3∶2，或选用腐殖质含量较高的林下土壤。

## 四、整形修剪

余甘子枝细、木质脆，如果枝组结果过多，会造成枝组或一个大枝折断。因此，树形培养以矮干、矮冠、主枝、侧枝及分枝紧凑型为主。在幼苗50～60cm时短剪，萌芽后再选3～5个分布均匀的芽生长成主枝，当主枝老熟后，留30cm长进行短剪，以促进主枝基部萌发新梢，每条主枝再选留2～3条梢作为侧枝，去除多余枝条，侧枝老熟后，可通过摘心使侧枝再留2～3条分枝，以后让其自然分枝。为增加美观性，可因树造型进行整枝处理。

## 五、肥水管理

余甘子既喜光又喜温暖干热气候，能耐干旱和瘠薄的土壤。平时浇水要见干见湿，干透浇透。春秋季可1～2d于中午浇水1次；夏季每天早晚各浇水1次，同时向植株喷水（雾），向地面洒水（特别是水泥地），降低气温，营造小气候，确保植株正常生长。每年春、夏和秋季各施肥1次，平时除草、松土和培土。

余甘子稍耐肥，在生长期可每月施稀薄饼肥或氮磷钾复合肥2～3次，每次施用30～50g，每次分四点在根围不同位置施用。休眠期停止施肥。

## 六、花果管理

余甘子比较耐旱，但在新梢抽生期、盛花期、幼果生长期要灌水，保持湿润，这样有利于提高坐果率和促进果实生长发育。

余甘子树耐旱、耐瘠，适应性非常强，喜光喜温。

## 七、病虫害防治

余甘子的树皮较厚，具有较强的抗各种病虫害能力，几乎没有病虫害。

稍为常见的病虫害有余甘子锈病，可用65%代森锌可湿性粉剂300～500倍液或50%退菌特可湿性粉剂500～800倍液喷雾。

主要虫害有蚜虫介壳虫、象甲、毒蛾、蓑蛾、尺蠖等，可用20%杀灭菊酯乳油2500～3000倍液进行喷杀。介壳虫发生初期要进行挑治，喷布4%速扑杀乳油1000倍液进行防治，隔20d喷布1次，连续喷布3次。象甲、毒蛾、蓑蛾、尺蠖采用人工捕杀或选用40%氧化乐果乳油800倍液、5%来福灵乳油3000倍液、20%灵扫剂乳油2000倍液、80%敌敌畏乳油800倍液喷雾防治，间隔7～10d喷布1次均能获得较好的防治效果。

## 八、越冬防寒

怕寒冷，喜温暖湿润气候，遇霜容易落叶、落花，甚至冻坏嫩枝条。年均气温20℃左右生长良好，冬季需将其保持在15℃以上的环境中，最低不可低于-1℃的环境中越冬。

# 第二十一节
# 海棠果盆栽技术

海棠果，海棠树的果实，原名红厚壳，又名胡桐、呀拉菩等，藤黄科红厚壳属乔木，果实样子酷似小苹果，果皮色泽鲜红夺目，果肉呈黄白色，果香馥郁，鲜食酸甜香脆。中国河北怀来地区盛产，其他北方地区多有种植，在中国河北、山东、山西、河南、陕西、甘肃、辽宁、内蒙古等省区野生或栽培。

## 一、品种选择

1. 有机海棠果

果实呈卵形，直径2~2.5cm；果皮呈红色，无灰白斑点；果肉呈黄白色，成熟后有2~5室。

2. 八棱海棠果

八棱海棠果又名怀来海棠、海红，属蔷薇科仁果亚科苹果属西府海棠种。

3. 白海棠果

果实甜香脆，个大皮薄，单果重8~14g。

## 二、育苗技术

海棠果树主要为种子育苗。第1年秋季海棠果成熟后收获种子，元旦前后放在0~2℃环境下进行沙培，于第2年4月中旬进行播种。播种形式为条播，行距50cm，撒播种子，667m²用种1kg。出苗后进行中耕除草、追肥浇水等田间作业。第3年春即可出圃移栽了。

如果所用苗木很少，也可用压条方式进行育苗。海棠果树枝条多，通常一棵多年生的大海棠果树上较粗的枝条有不少瘤疤，很容易就培育出树干布满瘤疤的小老桩，如果压条下来就是一个不错的盆景素材。

## 三、上盆移栽

### 1. 选盆

海棠果盆栽用盆一般有素烧盆、紫砂盆、瓷盆及木盆等。素烧盆与木盆盆壁渗水、透气性强，利于苗木生长。盆的形状可多种多样，有正方形、长方形、圆形、八角形、菱形、扇形等，但以圆形为主，圆形盆有利于根系向四周均匀舒展。盆的规格一般为内径20～50cm、高20～60cm。

### 2. 盆土配制

盆栽海棠果所用盆土较多，一般选用腐熟的农家肥、田园土、河沙，按3：5：1的比例充分混合均匀，碾细过筛。培养土在使用前要进行日光暴晒消毒或蒸汽消毒。

### 3. 栽植

（1）上盆　选择植株健壮、芽眼饱满、无病虫危害的苗木，于4月上中旬上盆栽植，栽植时用5°Bé石硫合剂浸根消毒，并剪去坏死根。

栽植时先在盆底放几块碎瓦片，再放入1/3培养土，然后放入树苗使根系舒展，边填土边稍微抖动树苗，使根系与土壤密接，最后盆土表面应距盆沿留有5cm以上，便于浇水。上盆后及时浇透水，并用塑料薄膜覆盖盆口。

（2）换土　盆栽海棠果需要每两年换一次盆土，以满足苗木对养分的需求。换土方法同其他盆栽果树，在换土的时候可以对根系和枝条进行修剪以保证美观效果。

## 四、整形修剪

盆栽海棠果，修剪时应注意盆景树形，注意枝条角度的开张程度，使之通风透光，利于形成花芽，获得高产。

### 1. 定植当年的修剪

修剪盆栽海棠果控制树冠要从1年生苗起，以干高相当于盆体高度或高出盆体一倍为宜，采用盘绕式拉枝方式，抑制长势，促使植株发枝。

### 2. 定植第2年的修剪

对新发枝应拉枝培养树形，对徒长枝、竞争枝，在枝条的5～7片叶间进行扭梢，可有效控制树体高度，防止徒长，促成花芽；对生长旺的徒长枝和竞争枝要充分利用，结合拉枝进行扭梢、摘心、刻伤、环剥，可培养大量结果枝，并促使其形成花芽，达到早结果、多结果的目的。

### 3. 结果期的修剪

当盆栽海棠果进入结果期时，树形已基本确立，要根据品种合理选留枝条，以整个树冠空间占满、得到合理利用为宜，有空间的长枝可留作培养新骨架，中、短枝可培养为结果枝组，使树冠保持稳定，做到长短枝相间，叶果比适宜。

## 五、肥水管理

### 1. 施肥
海棠果较耐瘠薄。盆栽海棠果一年中宜在返青期、初蕾期、果实膨大期进行追肥。追肥以优质、充分腐熟的农家肥为宜，一般一次追施1kg/盆左右。

### 2. 浇水
海棠果耐旱型较强，以10d浇水1次为佳，每次都要浇透。

### 3. 通风
盆栽海棠果适宜放在阳光充足、通风透气的地方，如果长时间放置在阴凉避风的地方，会导致其生长不良，所以即使在炎热的夏季也不必遮阴。

## 六、花果管理

海棠果果实很小，且结果能力较强，盆栽海棠果一般任其自由结果，盛果期一株盆栽海棠果可结果150～200枚，以形成景观。

### 1. 人工授粉
在盆栽海棠果盛花初期，花朵开花的当天上午进行人工授粉。

### 2. 花期喷硼
在开花期用2.5g/L硼砂溶液喷施，可提高坐果率。

## 七、病虫害防治

主要病虫害有腐烂病、斑点落叶病、叶螨、蚜虫、食心虫、毛虫等。防治方法：

（1）1月至第2年3月，防治腐烂病、虫螨、蚜虫类病虫害，清扫园地，将树叶、枯枝、僵果、刮下的老翘皮烧毁，树上喷物理农药3°Bé石硫合剂。

（2）3月下旬至4月，防治腐烂病、白粉病，蚜虫、卷叶虫等，刮治病斑，涂施生物农药（农抗120）消毒。

（3）5月中旬，防治霉心病，喷布10g/L中生菌素+硼砂溶液；5月下旬至6月上旬，为防治叶螨、蚜虫，可喷施生物农药灭幼脲3号或阿维菌素溶液。

（4）7月至8月上旬，防治落叶病、炭蛆病，可喷施扑海因或多氧霉素防治桃小食心虫、毛虫类虫害，喷布桃小灵（有效成分为臭氰菊酯）或敌杀死。

## 八、越冬防寒

海棠果是北方树种，耐寒性比较强，冬季可以直接将其移到不加温的室内向阳处即可，但应注意保持盆内有一定湿度，以免树苗干枯。

第三章

# 常绿果树盆栽技术

# 第一节
# 金橘盆栽技术

金橘为芸香科金橘属，四季常青，秋季开花，春节前果实成熟，果实呈金黄色，可生食，有健脾、理气、止咳之效。金橘挂果期长，是上好的盆栽观果树种。

## 一、品种选择

金橘属有罗浮、圆金柑、长叶金柑、山金柑4个品种和金弹、长寿金柑2个杂交种，均可作为盆栽品种。

## 二、育苗技术

（1）将金橘种子浸水7d，每天换水，7d后捞出，小心剥除外衣。

（2）将种子圆面朝下、尖向上，均匀分布在泥土中，放上一层麦饭石，每天喷水，保持湿润，21d后开始出苗。

（3）42d后，当出3片真叶后进行分株管理。

## 三、上盆移栽

### 1. 选盆

盆栽金橘的容器，以圆形为主，以利于根系向四周均匀舒展。同时，容器需渗水、透气性良好，以保证根系生长对氧气的需求，且防容器积水造成烂根。在各种质地容器中，素烧盆最适宜栽种果树。采用其他质地容器时，为了克服透气性差的缺点，可在盆底铺垫5cm厚的粗沙，并沿内壁垫一层新瓦，然后填土栽树。

### 2. 盆土配制

适宜金橘生长的盆土一般为中性（pH 4.5～7.5），富含腐殖质的沙壤土或沙土。调制时，以熟化的田园土4份、河沙2份、草木灰1份充分混合均匀，碾细过筛。培养土在使用前应进行消毒处理，如蒸煮消毒、烘烤消毒。

### 3. 栽植

选择2～3年生、健壮无病的金橘树苗，按盆栽果树的技术要求移栽。

## 四、整形修剪

盆栽金橘修剪的原因有二：一是盆小、土少，提供的养分有限，不能满足橘子生长的需求，必须进行修剪；二是通过整形修剪，调节树体内营养的合理分配，使有限的养分集中供给芽、叶，形成更多的结果枝，从而达到花果满枝的效果。

整形修剪是金橘盆栽管理中的一环，一般一年修剪3次。

第1次重剪缩枝，作用是更新老枝，搭好架子。时间一般在3月20日前后，空怀树要低剪，但要留好骨干枝。低剪的好处是使新株壮旺、紧凑，结果枝硬朗。挂果树则应摘除余果，适当高剪。尤其要注意把弱枝、病虫枝、内膛枝、萌枝剪去，以确保树冠紧凑、整齐一致，剪后应控制浇水量。

第2次剪梢，一般在5月下旬，具体时间要根据第1次抽梢后枝叶老熟程度决定，枝叶未老熟的不宜修剪，但过迟修剪会影响生长。应注意第2次剪梢不宜过低，保持树冠整齐即可。

第3次剪梢，一般在7月初，修剪要求与第2次基本相同。第3次修剪的梢是结果梢，修剪过低则新梢粗壮而少，修剪过高则结果枝软。具体时间应适当考虑第3次梢的扣水开花季节要求，一般情况，第3次梢老熟，都得在扣水阶段。

## 五、肥水管理

### 1. 施肥

一年中盆栽金橘要施好6次肥。第1次施肥在第1次修剪后3d，施入有机肥及少量尿素溶液，以促进春梢萌发；第2次施肥在第2次修剪前后3d，此时正是根系第1次大伸展，新梢将萌发时，要求施入高效有机肥40~50g/盆；第3次施肥在第3次修剪前后3d，施入高效有机肥40~50g/盆，并混加磷钾肥；第4次施肥在现蕾期，施肥质量关系到保花保果效果，施入高效有机肥40~50g/盆，可酌情施入尿素溶液；第5次施肥在现果期，施入高效有机肥40~50g/盆；第6次施肥在壮果期，待幼果0.5~0.7cm大时，施入高效有机肥50g/盆。

### 2. 浇水

水分管理的原则是：大树多淋、小树少淋；壮旺树多淋、弱树不淋；温度高多淋、温度低少淋。淋水要将花盆四周淋均匀，尽量不要冲刷泥土。

## 六、花果管理

盆栽金橘必须经扣水才能预期开花。幼果期要注意保果，恢复树势，壮果期要加强施肥管理，使橘果大小整齐匀称。

### 1. 扣水开花

扣水，是为防止夏梢生长过旺，同时是使树体积累养分、促进花蕾形成的一种技术措施。花前扣水，可防止夏梢生长过旺，同时可使树体积累养分、促进花蕾的形成，扣水时间大约安排在立秋后（即8月中旬前后）。扣水前，喷30g/L过磷酸钙的浸出液或4g/L磷酸二氢钾溶液以利于花芽分化。具体扣水时间应根据梢叶老熟程度决定。梢老熟的外观形态：梢叶定型后3～5d，梢枝叶片转为深绿色，手摸梢叶不"软"，不"黏"手。扣水的时间长短，根据天气、生长势不同来决定，扣水可采用晴天卷叶褪色法，一般6～8d。阳光好，气温高时，花芽易分化，扣水可缩短至2～3d，时间长短可灵活掌握。

### 2. 开花幼果期管理

金橘盛花后2～3d，即谢花显果。而扣水后迅速恢复树势，是保果的关键。除水分应及时补足之外，还要实行根外追肥，可用尿素、磷酸二氢钾、硼酸等溶液喷叶。当谢花后15～20d，大量生理落果基本停止，幼果已自然分大小，此时，畸形果及小果多而不落的则要进行人工疏果。

### 3. 壮果期管理

9月下旬，果实已有0.6～0.8cm大，开始进入果形膨大高峰期，要随时保持盆橘叶色浓绿、幼果浓绿。施肥以高效有机肥为主，每隔15d施1次，每盆施40～50g，直至果实开始转黄为止。

## 七、病虫害防治

煤污病是盆栽金橘主要病害之一，可用清水擦洗、高锰酸钾500倍液涂洗，或用500g/L退菌特溶液喷雾等方法进行防治。生长期中盆栽金橘叶片易受蚜虫、红蜘蛛、介壳虫等侵害，一旦发现，可用辣椒水或吡虫啉2000倍液喷杀。

## 八、越冬防寒

金橘性喜高温，生长适温为22～29℃，北方冬天需在室内保温越冬。由于金橘的果期长，开花结果后，果实会缓慢长大。因此，在越冬期间，盆土要保持适当湿度，不能全干脱水。另外，为了果实能够成熟，在冬春季节，应当适当埋一些鸡粪、豆饼、堆肥作基肥。

## 第二节

# 香蕉盆栽技术

香蕉树形优美，花与果极具观赏性，既是优良的经济树种，也是优良的观赏树种。香蕉不但可以露天栽种点缀庭园，还可盆栽，集观叶、观花、观果于一体。香蕉生长适温为24～32℃，最适温度为27℃，若气温在此范围内的天数越多，植株抽蕾越早，产量越高。盆栽，可以移动，不但香蕉适种地区可栽培，在较寒冷不适宜栽种香蕉的地区也可在温室内栽培，香蕉盆栽具有广阔的发展前景。用大的陶盆、瓦盆种植，从最小的幼株种起，一般2～4年可以吃到香蕉。

## 一、品种选择

选用树体较矮小的品种，是盆栽成功与否的关键。还要根据当地气候条件、栽培设施（即室外栽培，还是温室、塑料大棚内栽培），考虑选用适宜盆栽的香蕉品种，如卡文迪什、矮夫人指蕉、阿比西尼亚红脉蕉、Musa sikkimensis Red Tiger、紫苞芭蕉（观赏品种）、矮芭蕉（观赏品种）等。

## 二、育苗技术

香蕉系无性繁殖，种苗包括传统的吸芽苗和现代生物技术生产的试管苗。盆栽大规模用苗会采用试管苗，小规模或尝试阶段一般采用吸芽苗。吸芽苗又包括褛衣苗、红笋和隔山飞。盆栽用苗采用褛衣苗，褛衣苗是入冬前抽生的吸芽，被鳞剑叶，过冬后部分鳞叶枯死如褛衣。由于其生长期间地温高于气温，故芽的地下部分生长较多，头大，根多，养分贮存多，盆栽可早抽蕾，早结果。

## 三、上盆移栽

### 1. 选盆

花盆宜大，可选内径40cm以上、深30cm以上的陶瓷盆。最好不用塑料盆栽种，塑料盆容易老化、不透气，容易被香蕉的吸芽顶裂或造成盆变形。

### 2. 盆土配制

盆栽香蕉的盆土宜用泥炭土或腐叶土、河沙和腐熟的农家肥配成，比例为1：1：1，加入5g/L石灰溶液可杀菌，加入500g/L辛硫磷乳油2000倍液用于防治虫害。因为盆栽香蕉主要用于观赏而不食用果实，所以要达到矮化的目的，可根据盆的大小、栽培的香蕉品种，在盆栽营养土中掺入1~2g多效唑。掺入多效唑的多少因品种而异，中矮品种用量多些，矮干品种用量可少些，甚至不用。

### 3. 栽植

栽植前，先用一块瓦片扣住盆底排水孔，以保证盆土通气，防止根腐病。再将配制好的盆土加入盆内，厚约5cm。然后将香蕉苗放入盆中央，摆正，使根系舒展，继续加入盆土至盆口下3~5cm，压实，并浇透水。

## 四、肥水管理

### 1. 施肥

盆栽香蕉施肥时期和次数要结合香蕉生长发育过程而定。香蕉生长发育中期即花芽分化期，需肥最多，其次为前期，挂果期需肥较少。施肥掌握"前促、中攻、后补"的原则。前期勤施、薄施，10~15d施肥1次，施8~10次，氮、钾肥比例为1:1~1:1.3，施用溶液浓度为1g/L。花芽分化期前10~15d开始重施肥，直至抽蕾，氮、钾肥比例为1:1.5~1:1.8，并配合磷肥、腐熟农家肥，分4~6次施入。断蕾期和幼果期各施1次。施用的氮、磷、钾肥种类：氮肥、磷肥可选用磷酸二铵，钾肥可选硫酸钾。施肥的前一天停止淋水，以提高肥效。

### 2. 浇水

香蕉的需水量较大，但香蕉的根为肉质根，土壤水分过多又会影响其透气性。应根据天气状况掌握淋水次数，每次淋水必须淋透。夏季，要保持土壤湿润，基本每天浇水1~2次。春秋时节就等盆土微干再浇水，冬天则要减少浇水总量。夏季盆土要覆盖切成段的干稻草，以减少盆土水分蒸发和降低盆土温度。

### 3. 倒盆

由于植株往盆边抽生易造成盆裂，因此每年要进行倒盆，重新更换营养土并进行分株，选用健壮的植株重新上盆。生长较慢、植株较矮小的品种可2年倒1次盆。

### 4. 光照

因香蕉树是热带和亚热带的树种，喜欢充足的阳光和湿润的环境，盆栽的香蕉每天至少要有6h光照，最好是将其放置于通风、见光、避风的地方。

### 5. 湿度

香蕉盆栽养护环境相对湿度需要保持50%以上，平常需要喷雾水以保持周围的环境湿度。

## 五、病虫害防治

香蕉盆栽的防护主要是叶、果的保护，应提高其观赏价值。卷叶虫是严重为害香蕉的食叶性害虫。在卵转化成幼虫阶段，每年3~4月多数地区的香蕉盆栽可用杀虫双1g兑水100g喷杀。盆栽周围的杂草要除净，断蕾后最好套上防病虫的塑料膜套。

## 六、越冬防寒

当温度降到10℃以下时，香蕉就开始停止生长了，也就是说室外温度降至10℃左右就要将香蕉盆栽搬进室内。在最低温度不低于5℃的地区可以让香蕉在室外越冬，若偶尔出现5℃的时候，则可以采用给香蕉的根茎覆盖稻草等措施。

冬季来临之前，可适当给香蕉盆栽覆盖干草之类的保温物，适当剪掉下面的老叶，将其放在温暖、有光照的窗台边。

## 第三节
# 佛手盆栽技术

佛手为枸橼的变种，属柑橘类的观果花卉，为热带、亚热带植物，喜温暖湿润、阳光充足的环境，不耐严寒、怕冰霜及干旱，耐阴，耐瘠，耐涝。佛手又称作五指柑，一般高1m左右。它四季常绿、果色青黄、状若人手，清香醉人，时下已成为名贵的观果观叶盆栽花卉，被列为室内装饰佳品。

佛手种后第2年就可进入结果期，可连续收果30年左右。

## 一、品种选择

选用耐寒、抗旱且适于盆栽的小佛手果的优良品种，如广佛手。

## 二、育苗技术

佛手的繁殖方法有扦插、嫁接、高压苗几种，盆栽佛手用苗多为扦插苗。扦插时间在6月下旬至7月上、中旬，扦插前选7~8年生健壮的母株，剪去生长旺盛、无病虫害的老健枝条，剪除叶片及顶端嫩梢，截成长17~20cm的插条，插入育苗基质中，约1个月可发根，2个月发芽，发芽后即可分苗，待第2年春季在盆内定植。

## 三、上盆移栽

### 1. 选盆
佛手要求用透气性好的花盆栽种。盆子以灰褐色的瓦盆为好，最通用盆的内径不小于24cm，盆高不低于18cm，盆底孔直径4cm左右。以后随着树体的扩展要及时换盆，花盆大小是金佛手冠径的2/5，花盆底部应有3个排水孔。

### 2. 盆土配制

佛手喜酸性土壤和水质，pH应保持在5.3为宜。盆土要采用疏松、肥沃的沙壤土，最好采用80%红沙土、20%焦泥灰混合而成，也可用70%清水沙、25%肥沃的园土和5%腐熟干燥的鸡粪混合而成。

### 3. 栽植

以3月中、下旬在芽未萌发前定植较适宜。定植后不要让其全天暴晒，应先摆放在半阴半阳处，过14～21d后再逐步见阳光。

## 四、整形修剪

盆栽佛手树体主要采用自然开心形树形。结果树的修剪主要有春剪和夏剪两种。春剪一般在春天发芽前进行。夏剪泛指生长季的修剪，主要是指剪去枯枝、交叉枝、徒长枝和病虫枝，并及时做好摘心和除萌等工作。老树修剪按栽培条件的不同，可采用短截、疏剪、拉枝等措施，以达到更新的目的。

## 五、肥水管理

### 1. 施肥

佛手喜肥。在春季抽生新梢时期施肥，以施氮肥为主。夏季是佛手生长的旺盛期，花繁果茂，需肥量大，肥度也相应加浓，施肥以施磷钾肥为主，肥料以枯饼、骨粉、腐熟动物内脏液或复合肥等为主。初秋至仲秋期间，应施磷钾钙复合肥，其有益于提高坐果率。深秋，采摘果实后应及时追施磷钾肥，使植株大量补充营养，恢复长势，为第2年开花结果奠定基础。无论何种肥都应避免浓肥、未腐熟肥和重肥，而应遵守"薄肥勤施"的原则，并以施有机肥为主，适量增施微肥。

### 2. 浇水

佛手由于其根系浅，吸收能力较弱，故需注意勤浇水。它的生长旺盛期，正处夏季高温时期，故需水量较大，除早、晚浇水外，还需进行喷水以增加环境湿度。入秋后，浇水量可逐渐减少。冬末春初低温时期，室内水分蒸发慢，可隔三五天，上午浇水1次，保持盆土湿润即可。当佛手处于开花、结果初期，浇水不宜过多，以防大量落花落果。遇到多雨季，则要将花盆倾斜，使盆内不积水。

佛手最适宜的相对湿度是70%～90%。因此，在干燥季节，应每天向叶面喷水1～2次，也可向地面洒水，增加空气湿度。

### 3. 遮阴

佛手的适生温度是15～30℃，高温季节要移至凉爽通风而又遮阴的地方。

## 六、花果管理

### 1. 疏花

佛手在4～6月初开的花，多属上年秋梢上开的单性花，不能结果，应全部摘除；6月底前后在当年春梢上开的花，多为两性花，能结果，每个短枝可留1～2朵花，其余疏除，以促其长成大果。在开花结果期间，还应注意将干枝上萌生的新芽抹除，以防发生落果。要留下结果母枝先端的大朵花和有叶花，疏去单性花和瘦弱花，疏花程度视树势强弱和花量多少而定。一般中花树和多花树宜疏去总花量的50%～60%。

### 2. 疏果

佛手不易坐果，要用各种办法促其坐果。在孕蕾期、开花前和开花后，都要追施有机肥，每周还要施1次稀薄的有机液肥。然后进行疏蕾，畸形蕾、病弱蕾都要疏除。疏果宜分次进行，留果量为约40张叶留1个果。成年树疏果应掌握"树冠中上部多留果，树冠下部少留果"的原则。

## 七、病虫害防治

已发现的佛手病害有炭疽病、溃疡病、疮痂病等，一般可用500g/L多菌灵800倍液或700g/L甲基托布津800～1000倍液防治，也可用波尔多液防治。应用波尔多液防治时，在萌芽前用8g/L石灰等量式溶液，生长期用3～5g/L石灰倍量式溶液。

佛手容易出现黄叶病和叶片脱落，发生黄叶病可浇灌10g/L的硫酸亚铁溶液。如烂根要立即翻盆，把植株从盆中脱出冲洗根部，去掉烂根，消毒后栽于消过毒的素沙土中进行养护，使其逐渐恢复生机。

虫害主要有潜叶蝇和红蜘蛛，可采用吡虫啉和螨特灵农药防治。此外还有凤蝶、介壳虫、金龟子等害虫，可用400g/L阿维菌素2000倍液或57g/L氯氰菊酯2000倍液喷布。

## 八、越冬防寒

能否安全越冬将直接影响到幼龄树的生长发育和壮年树的开花结果。目前普遍采用塑料大棚来越冬，且以在11月中、下旬以前将佛手盆移至大棚内为好。

## 第四节
# 西番莲盆栽技术

西番莲又名鸡蛋果，是西番莲科西番莲属的草质藤本植物，果瓤多汁液，可制成芳香可口的饮料，还可用来添加在其他饮料中以提高饮料的品质。西番莲果实好吃，花形端庄优雅，花色通常是白瓣紫心，但还有红、粉红、橘红、浅紫诸色，各品种的花形也略有不同，美国人称为"热情之花"；日本人称西番莲花为"时钟草"，他们认为西番莲的花瓣像针盘，雌蕊和雄蕊像指针，整朵花看起来像个袖珍可爱的小时钟。

一般年平均温度高于18℃的地区可以露地栽种西番莲，年平均温度低于18℃的地区不能露地栽种西番莲，会因冬季气温低而造成其越冬困难，甚至冻死。

## 一、品种选择

西番莲的优良品种有紫香西番莲、台农一号西番莲、满天星西番莲、黄金西番莲等，其中我国种植面积比较大的是紫香西番莲，它是黄、紫两种西番莲杂交的优质品种。

## 二、育苗技术

西番莲的育苗方法有三种：种子繁殖、扦插繁殖、嫁接繁殖。

### 1. 种子繁殖

西番莲的种子无休眠期，采收后即可播种。播种时，将种子用水浸3~4d或与粗沙一起放入瓶中摇动，用砂纸擦破种皮的方法可提高种子发芽速度。播种后，保持温度为24℃。当幼苗长出2~3片真叶时，先将其移入塑料袋或小盆中进行育苗，当幼苗长到6~10片叶时，即可定植。

### 2. 扦插繁殖

取健壮向上生长的枝条，剪成带3~4个芽眼的枝段，剪去插条1/2的叶片，将其扦插在无菌的沙土苗床或营养钵中，用薄膜将其覆盖培养，经25~30d即可生根成苗。

### 3. 嫁接繁殖

选取木质化程度高、芽体饱满的当年生健壮枝条为接穗，将接穗剪成长6~10cm，有饱满芽2~3个。接穗最好现接现采。在主、侧蔓上间隔20~30cm，距基部5~10cm处嫁接。嫁接可采用切接法、劈接法、舌接法等。

## 三、上盆移栽

### 1. 选盆

选择内径60cm、高70cm的盆或木箱。因为冬季要进行越冬管理，所以栽培盆要选用陶瓷盆。

一般阳台种植可采用砖块砌成长宽高80cm×40cm×50cm的种植槽，槽底与楼面之间用砖垫高5~10cm，留好排水孔以防止积水。

### 2. 盆土配制

西番莲适应性强，对土壤要求不严，但忌积水，不耐旱，应保持土壤湿润，土壤选择以富含有机质、疏松沙质壤土为佳。栽培基质可用塘泥土或腐叶土、河沙和少量混合好的腐熟鸡粪、豆麸等基肥配成，同时每个种植盆或槽可加磷肥0.25kg和复合肥0.15~0.25kg。

### 3. 栽植

西番莲一年四季均可种植。由于西番莲当年种植当年产出，所以以每年的2~3月种植为宜。栽种时根系要放直，不要接触肥料，以免造成伤根，覆土后要浇足定根水。夏秋季种植时应注意保湿，可盖上稻草以防止水分蒸发过快，保证成活率。

## 四、整形修剪

由于西番莲为蔓生性藤本植物，茎长可达10m，且枝蔓细长柔软，因此盆栽时必须搭建平面棚架。搭架材料可选用钢管、竹竿、钢丝、水泥柱等，搭架的高度一般在2.5~3m之间。西番莲定植成活后，在幼苗期应插立支柱，选留1~2条主蔓，打掉其余侧蔓，以便引诱主蔓上棚架。留待主蔓到达棚架上时，剪除顶芽，让其长出侧蔓，留侧蔓向四方平均生长。只要管理得当，4~6个月内枝蔓就可长满棚架。

挂果采摘后，每个侧蔓留3~4节，其余的均进行短截，促其重新长出侧蔓。但应注意每年夏季必须适当剪除过密枝、弱枝及病虫枝，保持通风良好。

## 五、肥水管理

### 1. 施肥

从定植苗发新芽2~3叶后开始，每10~15d追肥1次，先淡后浓，肥以氮、磷、钾比例2：1：4为宜，切忌偏施氮肥。

在植株上架后，一般可在新梢生长前、盛花期和盛果期追肥，每株施复合肥0.2kg，期间还可在叶面喷施钾宝、10g/L尿素溶液+20g/L磷酸二氢钾溶液+5g/L硼锌钙溶液4~5次，每次间隔15d。

开花后半个月是果实迅速膨大期，要加强肥水管理，增施钾肥。

### 2. 浇水

西番莲对水分要求不是很严，但是土壤过于干燥，会影响藤蔓及果实的发育，严重时枝条会呈现枯萎状，开花结果时，缺水可导致果实不发育并会发生落果现象，干旱时要及时浇水，雨季应注意排水。

### 3. 温度

西番莲是热带的水果，适宜生长发育温度在20～30℃，夏季温度过高时，应采取遮阳降温措施。

## 六、花果管理

### 1. 人工授粉

西番莲可以在中午进行人工授粉，用毛笔（羊毫毛笔）从雄蕊上蘸取花粉，然后将花粉抹到雌蕊的3个柱头上。也可用镊子采集花粉囊，放到干净杯中加水，让花粉溶入水，用喷雾器把花粉水喷到雌蕊柱头上授粉。

### 2. 去掉腋芽

等西番莲长到20～40cm以上的时候，要把它的腋芽摘掉，如果不摘会影响植株开花结果。腋芽虽然能长分枝，但会消耗过多的养分。

## 七、病虫害防治

西番莲本身病虫害很少，主要有炭疽病、蓟马、小实蝇、螨类、介壳虫等。炭疽病可用甲基托布津1000倍液或500g/L多菌灵500～800倍液喷雾防治。蓟马、小实蝇、螨类、介壳虫等可选用农地乐（有效成分毒死蜱和氯氰菊酯）1000倍液、红白螨死3000～4000倍液、900g/L敌百虫800倍液或乐斯本（有效成分为毒死蜱）800倍液等药剂防治。

## 八、越冬防寒

冬季时，北方盆栽的西番莲都要搬到室内温暖处越冬，否则主茎上部和侧枝多会被冻枯，甚至整株被冻死。南方地区盆栽西番莲，冬季应注意防寒、防冻，可用草席、桔秆、薄膜等将其根部遮盖。剪除嫩叶，将枝条剪短回缩树冠并用薄膜包封切口，以免整株冻死。

# 第五节
# 柑橘盆栽技术

柑橘是世界重要的水果品种，也是我国的大宗水果之一。在植物分类学上，柑与橘均属芸香科植物，两种果实的外形相似，所含成分基本一致，故人们习惯以柑橘称之。柑橘是南方果树，性喜温暖湿润的环境，生长适温为12.5～37℃，空气湿度相对要求也较高。

室内盆栽柑橘，既能美化家居环境，又能改善空气质量，花、叶、果齐美，很具观赏性。家庭盆栽果蔬近几年非常流行，在市场上深受人们欢迎。

## 一、品种选择

盆栽柑橘品种除了金橘、佛手外，观赏价值较高的品种还有香橼（也称作枸橼）、代代（也称作代代酸橙、回青橙）、朱红橘等。

## 二、育苗技术

盆栽柑橘的苗木培育，主要采用嫁接育苗法，其优点是可以集合砧木和接穗两者的优点，能在短期大量繁育，推广良种。柑橘最常用的砧大品种是酸橘、柠檬。目前，应用最广泛的嫁接方法是单芽切接技术，春季2～3月用单芽切接法，秋季9～10月用小芽腹接法，其方法与大田嫁接苗培育相同。

矮化砧果苗和短枝型品种的果苗较适宜盆栽，这些果苗本身树体矮化，树冠体积小。

## 三、上盆移栽

### 1. 选盆

盆栽柑橘的容器，要求既要满足果树的生长需求，又要美观、牢固。树冠大，结果多，应选用大的容器；树体较小的可选用小容器。各种容器的底部，都要有排水孔，以便及时将多余的水排出，防积水烂根。

### 2. 盆土配制

柑橘喜微酸性土壤，可用园土、厩肥、堆肥土等配制成营养土。其比例为园土1份、腐熟有机肥1份、河沙0.5～0.8份、草木灰0.2～0.5份，1m³营养土中加入1kg氮磷钾复合肥。盆土配好后，将其混合均匀，放在透明塑料袋中，在日光下暴晒一周杀菌，并经常翻动。

### 3. 栽植

（1）移栽时间　柑橘上盆时间比较长。秋季上盆第2年根系发生早，苗木生长快，适宜冬季无冻害或在室内越冬的地区，或春季嫁接的苗木。冬季气温低的地区，以春芽萌发前上盆较为安全。

（2）栽植方法　移植时要先给植株淋水，起苗时要保留一定数量的固根土，再裁剪根系，但要保留一定的侧根，以利于吸收。上盆时，先在盆底孔上放2块碎瓦片，盆底铺一部分营养土，将果苗放在盆中央，使根系向四周舒展，尽量不弯根，然后将盆土慢慢加入，不断提根，覆土至根茎处，用手将土轻轻压实，使土与根密接，使盆土表面平整，浇透水。

（3）摆盆　摆盆时，盆底用两块砖垫高，盆的孔底不要贴在砖头上，以免淋水时泥土将孔堵塞，也可避免蚯蚓等钻入盆内。放于室内，以后注意适时浇水，勿使钵土干燥，保持一定湿度即可。待新芽萌发后再搬出室外，最好置于荫棚下养护，过1个月左右可拆去荫棚全日照射。

## 四、整形修剪

盆栽柑橘的特点是要求树体矮小、树冠紧凑、枝密果多、观赏价值强。根据果树生长结果习性及观赏要求，盆栽柑橘常用的树形有单干形、扇形、丛状形、开心形或垂枝形。通过修剪，能使树体生长量减少，控制树冠，使植株矮小，达到早结果、早丰产的目的。

1年生苗，在移栽后当年要适当短截，促使主干中下部萌发新梢，再选留分配部位恰当的3个新梢，作为主枝培养。对已进入开花结果的盆栽橘树，以秋梢作为主要结果母枝，修剪的原则是"促壮春梢，抹除夏梢，培养秋梢，抑制冬梢"。从5月开始抹芽，每周抹2次。夏梢经过抹除数次后，即可放秋梢。放梢时间以7月下旬至8月上旬为宜，最迟不要超过8月中旬。这样既可提高坐果率，又有利于培养树形。

## 五、肥水管理

### 1. 施肥

盆栽柑橘，由于受盆土限制，营养供给十分有限，平时应多施薄肥。植株在萌芽前施1次腐熟液肥，以后每7～10d施1次以氮肥为主的液肥，促使多长枝叶、多发春梢。每次摘心后，要及时施肥，促使枝条提早老熟。在橘子生长期间，可在盆面撒一些饼肥，使每次浇水都有一些肥料渗入土中，以增强肥力。入秋后，施肥减少，避免植株营养过剩、促发秋梢，与果实争夺养分而造成落果。

叶面追肥，可在树冠喷洒液肥或微肥，以满足植株对某种元素的需要。开花前喷施2次2g/L硼砂溶液+绿芬威1号800倍液，以提高花质及坐果率；幼果期隔10～15d喷施植物龙1500倍液+3g/L磷酸二氢钾溶液促果实发育。

## 2. 浇水

柑橘类耐肥喜水，而开花产果期的水肥管理具有特别性，有"干花湿果"的说法。所谓"干"，就是当表土干至泛白时浇水，使盆土保持半湿润状态，水分过多或缺乏都能导致植株落花；所谓"湿"，就是产果期间水分供给要及时，务必浇透，盆土需保持湿润，否则会致使植株落果。

在夏季干旱季节，气温超过30℃时，要每日淋水1~2次，以上午10时前、下午4时后淋水为宜，但在促花时则要严格控制水分。冬季休眠期，根据盆土干湿情况浇水，每7~14d淋水1次，以上午浇水为宜。

## 3. 换盆

盆栽柑橘生长多年后，根系在盆的四周环绕形成根垫，可出现生长不良现象。一般应在2~3年将原盆换成大盆或进行翻盆，加入新鲜营养土。换盆宜在春季植株萌发前2~3月进行，也可在秋季9~10月进行。换盆时将植株从原盆内倒出，剪去根部外层密而衰老的网状根垫，并将根部周围及底部土除去1/4~1/3，再放入原盆内或新盆中，加入新营养土，淋1次透水。

## 六、花果管理

### 1. 疏花疏果

柑橘类盆栽养分有限，欲使养分集中供给花果，务必疏花减果。如一些无叶枝和内膛枝，丛密弱枝，都会因发育不良不能结果，应摘除花朵及删除枝条，还有成团的族生花，只有少数发育充实的壮花，方能结果，因此必须及时疏花。

### 2. 授粉与保护

盆栽柑橘都要搭配好授粉品种，花期时靠拢摆放，以利于传粉；也可采集外来花粉进行人工授粉；或在独盆果树上嫁接授粉品种枝条，一株两个或多个品种。

## 七、病虫害防治

盆栽柑橘易遭病虫危害，要坚持"预防为主、防治结合"的原则，特别是在生长季节，每隔20~30d需喷布700g/L的甲基托布津可湿性粉剂800倍液或650g/L代森锰锌可湿性粉剂500倍液防病；又或叶面喷布氨基钙宝1000~1500倍液，以提高柑桔苗的抵抗能力。防治盆景果树的蚜虫、红蜘蛛等害虫，可用18g/L阿维菌素3000~4000倍液、螨危（有效成分螺螨酯）4000~6000倍液，凤蝶和蜗牛可用人工捕捉。

## 八、越冬防寒

盆栽柑橘根系在冬季寒冷条件下易受冻害甚至死亡。在进行越冬保护之前，要先浇1次透水。盆栽多时要埋土越冬，即在果树落叶前后霜冻之前，开沟将盆成行埋入土中，盆沿口填入碎草或落叶，以利盆土通气。盆树少的，可将盆壁四周用草或草袋包扎，外面再用薄膜包好越冬。

## 第六节
# 番石榴盆栽技术

番石榴是一种热带果树，为桃金娘科番石榴属常绿小乔木或灌木，是现今世界各热带及亚热带地区广泛栽培的果树，是重要的经济栽培果树。番石榴生长快，周年结果，产量高，栽培管理容易，适应不同土壤条件，抗病性强，果实风味独特。作为盆栽观赏，目前仅处于探索阶段。

### 一、品种选择

果树盆栽品种的特点是浅根、浓枝、密节、小叶且浓绿、矮型、果大、早结果、高产、挂果期长、果皮色泽好、果实风味好、果形美观、抗性强；可选择适应当地生长、具备盆栽特点的品种作为盆栽品种。

目前，生产上栽培较多，培育前景好的番石榴盆栽品种有新世纪、水晶珍珠、红番、胭脂红等。

### 二、育苗技术

生产上已普遍采用嫁接苗，常用的嫁接方法有单芽嫁接和靠接等。番石榴嫁接较一般果树难，成活率低，嫁接应选择有效的嫁接时间和方法。嫁接时间以冬、春季为宜，靠接则夏、秋季亦可。嫁接方法很多，实践证明，番石榴以靠接法成活率高、出苗快。

### 三、上盆移栽

1. 选盆
盆的规格以内径40～45cm、高25～30cm为宜，以后随植株逐年长大再选用更大的盆。
2. 盆土配制
盆内培养土选用塘泥团，有利于渗水透气。

**3．栽植**

春、夏、秋季栽植均可，但以春季为佳。栽植前先在盆底排水孔上垫碎瓦片，上面铺一层炉渣，然后填入部分培养土；移苗上盆时，苗木要带泥球并种在盆中心，苗木土团放入后再在根系周围填入培养土，估计根茎在盆沿下2～3cm时，往上轻提，使根、土密合；然后浇定根水，直至水从底孔流出为止，最后再加培养土至树茎下。

**4．摆放**

盆栽应摆放在通风、阳光充足的地方，摆放的密度可适当宽些以方便管理，并且要随植株长大调整摆放的距离。

## 四、整形修剪

番石榴一般采用自然开心形、杯状形等。以自然开心形为例，当苗木生长到40～50cm时，要进行剪顶摘心，让其自然分生出3～4条侧枝，培养其向四面斜展，以利于树体匀称。经过20～25d，待其基部枝条变褐转硬、枝条由棱形变圆、表皮木质部老熟达到较高程度、长度达40～50cm时再进行摘心。此后萌发的2～3条枝梢可作结果枝组。1年修剪2次。随着结果部位的升高、外移，树势衰退，故应对结果多年的植株强截更新，一般于春季采果后进行修剪。依盆栽的大小，在离地面适当的高度截剪副主枝，迫使其向上的潜伏芽萌发新梢成为结果母枝。

## 五、肥水管理

**1．施肥**

（1）幼树施肥　苗木植后1个月，即新梢抽出时就应及时施肥，前5个月每月施稀薄水肥2～3次，可用1：120腐熟粪水或5g/L尿素溶液淋施，速效肥作追肥，每次施3g/L尿素溶液或三元素复合肥；根外施肥可喷施1g/L磷酸二氢钾溶液、硫酸镁溶液、硼砂硫酸锌溶液等。

（2）结果树施肥　成年树周年开花结果，养分消耗多，每年需肥3～6次。施肥以有机肥为主、速效肥为辅，最好施沤熟水肥。速效肥氮、磷、钾配合施用，浓度为3g/L左右。

**2．浇水**

盆栽番石榴需水量大，淋水要根据气候特点来定。在夏季高温季节，浇水要充分浸透盆土，在上午10时前或下午4时后进行。在冬季或早春，浇水在午后气温较高时进行。在秋天空气干燥时，可采用简易吊瓶供水的方法来满足盆栽对水分的需要。

**3．倒盆**

盆栽经2～3年的生长后，盆土内的营养往往已被消耗，因此需要倒盆，除去部分原盆土、增补新的营养土以改善盆内的营养条件。倒盆时间一般在秋后根系停止生长后、春芽萌动前进行。先将番石榴从原盆中取出，剪除网状根垫，并将根部周围及底部土去除1/4~1/3，同时对地上部适度修剪，按上盆的方法重新栽植。

## 六、花果管理

为促进果实生长，达到果大质优的目的，需要进行疏花疏果。疏花一般在盛花期进行，疏果一般于花谢后幼果生长30~40d进行。疏花要求保留新梢单生花序，保留中央无柄花；疏果要求叶大而厚者留2个果，叶小而薄者留1个果或整枝剪除。

疏果后进行果实套袋。

## 七、病虫害防治

番石榴的主要病虫害有溃疡病、立枯病、线虫病、炭疽病、煤烟病、果腐病、粉介壳虫、棉蚜、桃蛀果蛾、粉虱、蚜虫和黄刺蛾等。溃疡病和立枯病可用波尔多液进行防治。炭疽病、焦腐病和煤烟病可用500g/L代森锰锌溶液、500g/L甲基托布津1000倍液，或750g/L百菌清800倍液防治。线虫病是立枯病的发生媒介，一旦感染则相当难治，对此病的防治：一是要选健康苗作盆栽苗；二是盆栽营养土要拌辛硫磷乳油、石灰等消毒；三是一旦发现病株要及时拔除或剪除烧毁，防止疾病蔓延。桃蛀果蛾虫可用25g/L高效氯氟氰菊酯2000倍液防治。

## 八、越冬防寒

番石榴是热带水果，北方地区盆栽番石榴，一般在阳台进行。露地盆栽的番石榴，在秋天要浇透水，摆放于背风朝阳处。冬天温度在-15℃的地区，冬天须将番石榴搬入室内越冬，放在5℃以下的室内或者地窖。

## 第七节
# 柠檬盆栽技术

柠檬为芸香科柑橘属常绿小乔木，叶片较小，呈长椭圆形，叶缘具细锯齿，花单生，一年四季开放，香气浓郁；果实呈长椭圆形或卵形，秋冬成熟。果皮为黄色，果肉极酸而浓香。家庭阳台盆栽柠檬，其观赏价值极高，其花香气浓郁、充满室内，又可观果，是盆栽果树中的佼佼者。

## 一、品种选择

（1）尤力克，又称作油力克、油利加，该品种原产于美国，是世界上栽培最为广泛的品种。

（2）菲诺，源自西班牙，为澳大利亚主栽品种。

（3）维尔拉，西班牙品种，果实较大。

（4）印度大果，柠檬和圆佛手柑的杂交品种，是土耳其主栽品种以及主要出口品种。

（5）北京柠檬，柠檬和橙或者柠檬和宽皮柑的杂交品种，1908年发现于北京近郊，之后到美国继续选育而成。

## 二、育苗技术

柠檬扦插极易生根，且能在短期成苗，方法简单。柠檬扦插育苗以5月最好，管理得当者，4～5个月即可出圃。一般选用2～5年生已充分木质化，粗1cm以上的枝条，剪去叶片和刺，截取长13～16cm为插穗，即插或基部涂促根剂后再插。

## 三、上盆移栽

### 1. 选盆

花盆应选用透气性好，利于根系生长，且物美价廉的瓦盆或陶瓷盆，亦可选用木桶、木箱。花盆的大小可根据需要而定，一般开始盆栽时可选用内径25cm、高20cm左右的花盆，随着柠檬树体的长大，逐渐换成大口径的。

### 2. 盆土配制

适宜柠檬树生长的盆土一般为微酸性的，其配制方法为5份堆肥土、2.5份园土、2.5份沙土，1m³盆土再加入0.5～1kg含量为25%氮磷钾复合肥混合拌匀，辗细过筛。

### 3. 栽植

新盆排水孔用瓦片搁好，先铺一层2～3cm厚的排水层，再铺一层4～5cm厚的培养土，然后把柠檬树苗放入盆中，四周填入培养土至盆口处，略微压实盆土，浇足定根水，置于通风、半阴处，7d后放回原处，进行日常管理。

## 四、整形修剪

盆栽柠檬在春梢萌发前，此时必须进行强度修剪，首先去除枯枝、病害枝、徒长枝、内向枝、交叉枝、萌生枝等。对强枝弱剪，留4、5个饱满芽；弱枝强剪，留2、3个芽，这样可促使每个枝条多发健壮的春梢。春梢长齐后，为控制其徒长，可进行轻剪，剪去枝梢3、4节。以后长出的新梢有6～8节时就摘心，目的是诱发较多的夏梢。

冬剪应本着"删密留疏，去弱留强"的原则，剪去枯枝、短截弱枝和无作用的徒长枝。

### 五、肥水管理

**1. 施肥**

柠檬喜肥，平时应多施薄肥。植株在萌芽前施1次腐熟液肥，以后每7～10d施1次以氮肥为主的液肥，可促使植株多长枝叶、多发春梢。每次摘心后，要及时施肥，促使枝条提早老熟。柠檬生长期间，可在盆面撒一些饼肥，使每次浇水都有一些肥料渗入土中，以增强肥力。入秋后，施肥减少，要避免植株营养过剩、促发秋梢，与果实争夺养分而造成落果。北方土质偏碱，可在肥液中加入硫酸亚铁，配成微酸性营养液。

**2. 浇水**

柠檬在生长发育中需要较多的水分，但水分过多又易烂根。一般而言，春季是抽梢展叶、孕蕾开花的时期，要适量浇水。夏季光照强，温度高，需要的水分较多。但要适时适量，否则会引起落果。秋季是秋梢生长、果实迅速膨大的时期，必须要有充足的水分。晚秋与冬季是花芽分化期，盆土则要偏干。

**3. 换盆、换土**

盆栽柠檬在春季3～4月必须翻盆换土。若花盆太小，则可换适应的花盆，若花盆还适合，可原盆换上新泥土，换盆、换土时应施底肥。

### 六、花果管理

**1. 疏花疏果**

柠檬果实大，需要养分多，正常叶果比为30～40：1。按照"去弱留强，分布均匀"的原则，先是疏去过多过密的花蕾，再在幼果长至1cm大时，疏去部分果实；最后在生理落果后，按照叶果比定果。也可弱枝不留果，壮枝只留1个果。

**2. 促花保果**

柠檬本是四季开花结果的树种，而北方盆栽则多是春季开花结果。在秋梢停止生长后，须控水，待叶片两侧开始内卷时，再适度浇水，以促进花芽分化；开花时，进行人工授粉，授粉最好在花瓣长开后及时进行，在每天上午9时左右进行。在果实成长期间，如果肥水充分，植株营养状况好，则部分枝条会萌发新梢，新梢的成长必然会分流部分营养，影响果实的长大。为保住果实，对长出的新梢要及时抹除。果实黄熟时，要停止施肥，并减少浇水，让土壤保持湿润略微偏干。倘若继续给予过多的肥水，则果实会提前老熟和早落，缩短观赏时间。

### 七、病虫害防治

夏秋季是病虫害多发季节，应进行防治。防治病虫害要做到防重于治，每半月喷花药1次，喷洒时间为上午9时左右，下午4时左右，中午气温高时不宜喷洒，防止药害。

## 八、越冬防寒

柠檬最佳生长温度为23～29℃，超过35℃则停止生长，−2℃即受冻害。柠檬在夏季一般不需降温，北方的盆栽柠檬要在霜降前入室，清明后出室，则可安全越冬。

## 第八节
# 人心果盆栽技术

人心果为常绿乔木，果为浆果，有心脏形、椭圆形、圆形等。因为人心果的果实长得很像人的心脏，所以被人们命名为"人心果"。其果实味道甜美、芳香爽口，全年有花。因此，盆栽人心果观赏价值较高，近年来发展很快，人们已基本探索出一整套较为成熟的技术。如果客厅里种植人心果挂果，象征着事业有成。

### 一、品种选择

中国台湾从世界各地引入了很多品种，如马尼拉、拜塔维、阿柏尔、楷仑等，其中以马尼拉品质最好，为目前中国台湾的主栽品种。我国大陆目前主要是按果实形状分为四类，即椭圆形、圆形、顶凹形和扁形。应结合当地的气候条件、栽培条件，参考盆栽品种具备的特点来选择盆栽品种。

### 二、育苗技术

采用空中压条方式进行育苗，空中压条以3～5月为宜。枝条的选择一般应选择品种纯正、生长健壮、产量高、无病虫害的植株作母树，空中压条最好选2～3年生、直径2～3cm、长50～60cm的向阳、斜生或水平、充实健壮的枝条。

压条枝条选定之后，在分枝下约20cm平滑处作环剥。选茎粗3～5cm的枝条进行环剥，宽度3～5cm，剥皮的长度按枝条的大小而定。同时可除去形成层，然后用黏土适当掺些腐熟的有肥料将其包扎起来。为保证生根迅速、量多、根壮，可用吲哚丁酸等生根粉液涂抹剥伤部或在生根基质中加入吲哚丁酸或生根粉。当须根长出泥团外面，即压条苗到9～10月初长出3次根后，就可将枝条从母树上包扎泥团的下方锯断。压条苗下树后要进行整形修剪，剪去部分叶片，以减少水分蒸发，然后解除塑料薄膜，改装营养袋进行育苗。一般经过5～6个月的袋装育苗后即可用于上盆。

## 三、上盆移栽

### 1. 选盆
用盆规格以内径40~45cm、高25~30cm为宜,随植株逐年长大再选用更大的盆。

### 2. 盆土配制
栽种盆内培养土多用鱼塘泥,将其充分晒干后打成大小适宜的土粒。鱼塘泥的pH在5.8~6.8之间,富含有机质,有较好的团粒结构,透性好,水肥涵蓄能力较强,几何形状保持时间长,湿水后不易变稀板结,故盆土不易积水、闷根。

### 3. 栽植
栽植前先在盆底排水孔上垫碎瓦片,上面再铺一层炉渣,随后在盆内填入部分培养土,移苗上盆时,苗木要带泥球并移植在盆中央,苗木土团放入后再在根四周填入培养土,估计根茎在盆沿下2~3cm以下时,往上轻提,使根、土密合,再用水壶浇定根水,直至水从底孔流出为止。

### 4. 摆放
盆栽的摆放要选在通风阳光充足的地方。摆放的密度要适当宽一些,以方便管理,且要随植株长大而调整摆放的距离。

## 四、整形修剪

盆栽的修剪具有双重作用:一是维持树形,调节生长势及花芽数量;二是控制生长,使其通风透光,促进花芽形成。修剪的手法包括疏密、摘心、折枝、环剥、扭梢等。时间不限,除冬剪外,在整个生长季节里还可以多次进行修剪。果树界有"冬季修剪长树,夏季修剪结果"的说法。

夏剪的具体做法是:把冬季剪口四周萌发的多余的芽疏掉,防止树形紊乱,有利于通风透光;拉枝改变方位,抑制旺长;摘除新梢的顶点,控制加长生长;扭折部分新枝,控制其生长等。这样处理既解决了通风透光的问题,又抑制了盆栽的旺长,减少了不必要的养分消耗,使光合产物积累到有效枝条上去,这样有利于花芽的形成和结果。

修剪造型对培育造型美观的盆栽很重要,可参考盆景修剪造型的方法对人心果盆栽进行修剪造型。由于人心果生长较快,虽然盆栽后生长受到抑制,但还是容易出现徒长枝,必须常常观察,对影响盆栽美观的枝条要及时修剪。如植株长得过于高大,可进行回缩修剪,让其重发新枝。修剪和控制肥水,是保持理想株高的措施。

## 五、肥水管理

### 1. 施肥
幼苗定植成活1个月后,开始追施已腐熟的饼肥,并施少量氮肥液,浓度为3~5g/L,以后每隔2~3个月追施1次氮、钾为主的肥料，每次施用浓度不能超过5g/L。进入结果期的成龄树，每季施肥1次，宜施有机肥为主，并增施磷钾肥，以提高果的品质。施用有机肥每盆施用量为盆营养土重量的1.0%~5.0%，施后松土，再盖上薄薄一层土。

2. 浇水

在高温的夏季，盆土要保持湿润，浇水时要使水分充分浸透盆土，防止浇半透水。生长季节浇水在上午10时前或下午4时后进行，冬季或早春在午后气温较高时进行，以避免盆土温度的剧烈变化，影响植株的生长。

3. 倒盆

倒盆一般在秋后根系停止生长后和春芽萌动前进行。在不伤根系的情况下，由小盆转移到较大的盆中，可促进果实后期生长。

## 六、花果管理

人心果大部分品种花雌雄异株，因此自花不实。需要配置合理的授粉品种，才能提高坐果率和产量。必要时需要人工授粉，以便保花保果。因此，盆栽人心果时，应注重选配不同的品种盆栽，混合摆放，摆放距离不宜太远，这样可轻易成功授粉，距离以能方便人工操作为宜，并加强人工授粉。

## 七、病虫害防治

人心果的主要病害为炭疽病和叶斑病。前者可喷布750g/L百菌清800倍液、700g/L甲基托布津800倍液或400g/L灭病威（有效成分为硫磺和多菌灵）400倍液加以防治；后者可在发病前期用750g/L百菌清或700g/L甲基托布津800倍液喷布防治。

主要虫害是人心果斑螟和垫囊绿绵蜡蚧。防治人心果斑螟，可用200g/L氰戊菊酯2000~4000倍液或900g/L敌百虫600倍液等连喷2~3次；防治垫囊绿绵蜡蚧，可在初孵期用250g/L喹硫磷1000倍液喷杀。

## 八、越冬防寒

人心果是热带水果，冬季对温度要求较高，因此冬季宜将盆栽人心果搬入室内阳台或日光温室内越冬。

# 第九节
# 菠萝盆栽技术

菠萝，又名凤梨、王梨、黄梨，属凤梨科凤梨属热带多年生单子叶常绿草本果树，是世界名果之一，欧洲人称之为"杰出的水果"。菠萝果实品质优异，香味特殊，不仅可食用，还可作盆栽观赏。菠萝盆栽可观叶、观花、观果，观赏时间长，成熟果可食用，极具发展前景。

## 一、品种选择

菠萝盆栽主要用于观赏，果实、叶片、株形美观是品种选择首要的考虑因素。菠萝品种较多，选择盆栽品种要考虑适合本地生长、有观赏价值、植株矮小的品种，如无刺卡因、巴厘、神湾、台农4号、金边菠萝等。

## 二、育苗技术

菠萝苗木主要采用无性繁殖。生产上一般以各种芽类作为种植苗木。菠萝盆栽规模小时，一般以吸芽作为盆栽用苗；盆栽规模大时使用组培苗。

吸芽繁殖的吸芽着生于叶腋，是母株处于旺盛生长阶段所抽出的芽，在采果前20d，将母株上距地面15~20cm以内的吸芽全部摘除作为苗木用。摘芽5d后，待伤口基本愈合，用腐熟的30g/L饼肥液或3g/L尿素溶液淋施，每月1次，计3次，即可促使抽出新的吸芽。吸芽抽出后，长至一定高度时，每株留下1~2株壮苗作为第2年结果母株，其余摘下作为繁殖材料，假植于苗圃。

## 三、上盆移栽

### 1. 选盆
初期栽植选内径30~40cm、高25~30cm的盆为宜，以后随植株逐年长大再选用更大的盆。为便于移动，以陶瓷盆、木盆为好。

### 2. 盆土配制
菠萝喜微酸性、富含有机质的疏松土壤。盆栽营养土配制，可用园土4份、腐叶土或腐殖质土4份、沙2份混匀。培养土在使用前应消毒处理，如蒸汽消毒、洒入15g/L福尔马林消毒等。

**3. 栽植**

以4~5月最为适宜，选择优良种苗是盆栽成功的基础。首先，选择叶色青绿、肥厚有光泽、叶片疏密适中、大小一致、健壮无病虫的芽苗；其次是晒苗，用于防治菠萝心腐病。晒苗方法为一般先剥去基部的几片脚叶，然后倒置，单层平放晒苗，夏季晒4~8h；第三，种苗做杀虫防病处理，上盆前用药液浸泡种苗进行消毒。

先在盆底排水孔上垫碎瓦片，上面铺一层炉渣，再在配制好的营养土中种上菠萝苗，浇足定根水，直至水从盆底排水孔流出为止。

## 四、肥水管理

**1. 施肥**

菠萝上盆后20d左右可开始追肥。肥料以速效肥为主，勤施、薄施，以供其生长需要。4~10月是菠萝营养生长的主要时期，以追施氮肥为主，同时配合部分磷钾肥，每月施1次，施至10月下旬为止。其肥料种类主要为5g/L腐熟饼肥液+250g/L三元复合肥液。根外追肥可用2g/L磷酸二氢钾溶液、10g/L硫酸钾溶液、爱多收、高美斯等叶面肥。

**2. 浇水**

菠萝根浅好气，水分过多，土壤湿度大，会引起土壤通气不良，严重时可造成根群腐烂死亡。所以，浇水时要掌握"见干见湿"的原则，浇水时间要有间隔，待盆土表面见干时浇水，浇水要浇透，要达到水从盆底排水孔流出为止。

## 五、花果管理

盆栽菠萝进行催花，可改变果实成熟期，使盆栽菠萝能周年开花结果。催花的时间，在冬季无霜地区可全年催花，在低温地区（保护地栽培除外）催花不要迟于7月。催花前一个月停施氮肥并少浇水。催花的方法：可用5~10g/L碳化钙液灌株心，每株50mL，7d后灌第2次；或用0.25~0.5g/L乙烯利溶液+10g/L尿素溶液灌株心，每株30~50mL。

## 六、病虫害防治

盆栽菠萝主要病害有凋萎病、黑腐病、苗心腐病。其防治方法为选用健康种苗；若发现凋萎病病株及时挖除；避免植株产生伤口，以减少病菌入侵；避免种苗堆放过久；避免因高温、高湿和不透气致发热伤苗。

盆栽菠萝主要虫害有粉介壳虫、蛴螬。粉介壳虫防治用含油量5%的机油乳剂熏杀种苗上的成若虫；蛴螬的防治应结合盆栽松土时人工捕捉，以减少虫源。

## 七、越冬防寒

菠萝是南方水果，因此北方地区盆栽菠萝，冬季要把盆栽移至日光温室内或有暖气的阳台中。

# 第十节
# 火龙果盆栽技术

火龙果，又名神龙果、仙蜜果，为仙人掌科量天尺属植物，多年生蔓性果树。火龙果原产于中美洲热带、亚热带沙漠地区。在中国台湾及海南、广西、广东、福建、云南等地均有栽培。

## 一、品种选择

火龙果依果肉颜色分为红皮白肉、红皮红肉、黄皮白肉三大类。红肉火龙果有莲花红龙、尊龙、玫瑰红龙、祥龙及香龙、珠龙、天龙等品种；白肉品种多为白蜜、仙蜜果、白肉火龙果。

## 二、育苗技术

火龙果种子较小，萌生的芽很小，苗也比较瘦弱，因此生产中不应采用种子育苗，以无性繁殖枝茎扦插为主。火龙果植株枝干上易产生气生根，且寿命长，易繁殖，成活率高。在温室内育苗一年均可进行，但最好在春夏秋季节育苗，温度高时生长快。

苗木繁殖要根据苗木需求量和种条多少而决定繁殖方法。如苗木需求量大，而种条少时，可将种条剪成枝段，用小营养钵大面积繁苗；如苗木需求量小，而种条多，可采取大长条繁苗，缩短苗期，使其成形早，见效快。

## 三、上盆移栽

### 1. 选盆

装盆定植要选用口径外沿为49.5、44、37cm三种规格的塑料花盆，装盆前，将花盆用3～5°Bé石硫合剂刷盆进行消毒处理。

## 2．盆土配制

耕作层土壤0.4m³，废弃基质0.4m³，优质有机肥50kg，珍珠岩1袋，复合肥2kg，多菌灵500g，将以上配料按比例相互掺和，分层堆积，上下混合拌匀配成营养土，即可装盆。

## 3．栽植

根据火龙果苗根大小适量装营养土，稳苗埋根，用手轻按盆土，并适量浇水沉实盆土，盆面上最好覆盖2cm厚的沙子，最后使苗盆土面至盆口有5cm的存水空间。

温室内苗盆以南北行向摆放为宜，小苗采取双行带摆放，株距盆与盆挨紧，一般温室每单行可摆13个大盆，行距为60cm；成形大苗要单行摆放株距为10～20cm（盆与盆），一般温室每行可摆放9～11个大盆，行距为80cm，可基本满足苗木生长和人工操作需要的空间。

## 四、整形修剪

火龙果属多年生肉质蔓性攀爬果树，栽培上必须立支柱绑缚固定枝干，通过科学的整形修剪技术，培养良好的丰产树形结构，以达到丰产稳产。

火龙果温室盆栽，要充分利用温室的有限空间，并根据实际条件，采取不同大小花盆规格及多样化的树形结构，以规模生产型和都市农业景观型及家庭园艺型栽培模式，提高温室利用率和提升温室火龙果盆栽的综合效益。适宜温室盆栽栽培的花盆型号及树形主要有：塑料大盆（口面外沿直径49.5cm），采取单主干双层形、单主干形、双主干双层形、双主干形、三主干形；塑料中盆（口面外沿直径44cm），采取单主干形、双主干形；红塑料小盆（口面外沿直径37cm），采取单主干形、披头散发形。

## 五、肥水管理

## 1．施肥

每次要在对称的两个不同的方位挖两个坑，即东西、南北、西南和东北、西北和东南的方位依次轮流交换位置施肥，连续4次不得重复施肥方位及位置。并要根据苗木大小，距苗干15～20cm，每次外移直至靠盆边。

按上述方位位置距离采取挖坑追施，用小铲挖小坑深7～10cm，施入肥料后及时埋坑。挖坑施肥有利于提高肥效、减少挥发和延长吸收期。

追施肥料，一般以复合肥为主。生长盛期：春季以复合肥+尿素（1∶1）追施1～2次。开花结果期：夏、秋以复合肥+微量元素（4∶1）（硫酸钾、硫酸镁、硫酸锌、硫酸亚铁、硝酸钙、硼砂、磷、硒等各1份）相互混合拌匀，追施2次；秋末、冬初以复合肥+硫酸钾（1∶1）混合追肥1次。并根据苗木大小、温度高低及苗木生长势和苗木需肥量来确定施肥种类以及施肥次数。一般每隔30～40d追施1次化肥，每次施肥量一般为20～50g（小苗少施，大苗多施），每次不超过50g，总之要以少量多次为原则，施肥后及时浇透水，让其迅速溶化分解。一年可追2次有机肥，每次300~500g，采取散施浅翻的方法。

2. 浇水

火龙果是耐旱植物，每次浇水要浇透，下次浇水，不见干不浇水，宁干勿湿。浇水太多易徒长，不利于养分积累和花芽的形成。但过于缺水干旱会使枝条停止生长而封顶，再次增加肥水会形成二级枝及多次级枝。

火龙果水肥管理要配合整形修剪进行，要根据不同季节及苗木不同的生长阶段增减肥水，这样可调节其生长与开花结果之间的彼此关系。一般定植后的成形阶段及枝条生长阶段，要保证肥水充足，这样可促进树体及枝条加速生长，使其快速成形；成形后及枝条生长达到要求长度时，要控制肥水，要使盆土略干或处于受旱状态，减缓其生长势，让其停止生长，使枝条颜色由浅绿色变成深绿色，有利于养分积累，促进花蕾形成；花蕾发育达开花授粉阶段，肥水要适量，一次不能浇水太多，要确保开花及果实成熟阶段水肥不过不缺。

## 六、花果管理

火龙果多数品种自花不孕，必须采取人工异花授粉才能结果。其单花开花盛期正值午夜，晚上欲开花，当天下午3时开始，花器官逐渐膨大，到5时花蕾顶部开始裂嘴。花的周期是从晚上8时至第2天上午10时前，时长14h，授粉最佳时间为晚10~12时，过早则花粉少。雌蕊从花基部子房中伸到花冠外边，雌蕊要比雄蕊长2~4cm，晚上无蜜蜂及昆虫无法自然异花授粉。

授粉最好用鸡的绒毛，3~5根制成授粉刷，将一个花雄蕊上的花粉粘带到绒毛上，点到另一个花的雌蕊顶头上。为确保授粉成功，采取多个花多次相互点授，效果更佳。

## 七、病虫害防治

火龙果病虫害极少，主要病害：少数枝条发生褐斑病或局部出现坏死及腐烂现象，可随时刮除病斑腐烂部分或剪除病枝，并用甲基托布津800倍液进行喷布防治。

火龙果易受蜗牛的危害，可用高效氯氰菊酯1000倍液进行防治或人工摘除消灭。

## 八、越冬防寒

火龙果是南方水果，因此北方地区盆栽火龙果，冬季要把盆移至日光温室内或有暖气的阳台中。

# 第十一节
# 芒果盆栽技术

在北方想要种植一棵芒果树，那基本是不可能的。但是我们可以把它们种植在室内，养成室内盆栽或者阳台盆栽，这样芒果也是可以开花结果的。芒果盆栽是一种较为罕见的家养植物，许多养花人还是喜欢种植芒果盆栽。盆栽芒果树需要比较大的空间去生长，需要应用合理技术培育。

## 一、品种选择

盆栽芒果应选择浅根、浓枝密节、小叶矮型、迟花早结高产、挂果期抗性强的品种，如紫花芒、桂香芒、绿皮芒等。

## 二、育苗技术

芒果可用播种、嫁接、空中压条等方法繁殖种苗。生产上主要用嫁接的方法繁殖苗木。砧木苗的培育嫁接要通过播种来培育。

盆栽芒果需要培育矮壮的苗木，首先要培育好健壮的砧木。在芒果的成熟季节，选粗大、老熟的果实，除去果肉，将核剥去硬壳，取出种仁，用湿沙催芽。当种仁发芽出土长出两片真叶时，即可移植分床于苗圃地或移栽至上苗容器中。移植时，把幼苗的主根剪短（主根保留8～10cm为宜），以促进侧根生长。为有利于培养壮苗，移栽的株行距应为25cm×30cm。

培育1年生的实生砧木，嫁接要选用适宜盆栽的芒果品种穗条作接穗，在砧木离地面5cm高的部位开口，用枝接或芽接法嫁接。待接口吻合牢固，接穗开始萌动抽梢后即解除绑带，并把接口以上的砧木残留部切去，接后再培育4～5个月，即可上盆。

## 三、上盆移栽

### 1. 选盆
盆的规格以内径40～45cm、高25～30cm为宜。为达到盆景效果，选用陶瓷盆为好。当嫁接苗高25～30cm时即要及时上盆。

### 2. 盆土配制
芒果根系较深，粗长，对土壤要求不严，各种土质都可种植。但以通气良好的松软沙壤土为好。盆内泥土可用塘泥火烧土、腐殖质土和适量猪牛粪、磷肥，充分拌匀后装盆。

**3. 栽植**

上盆时，盆底和盆面均应铺一个直径为2~3cm的塘泥团，有利于渗水透气。移苗上盆时，苗木要带泥球并栽在盆中心，盆内泥土要低于盆边3~5cm。

## 四、整形修剪

盆栽芒果要不断地进行矮化，控制芒果树冠。

**1. 控制根系**

可采用类似柑橘弯曲垂直根的方法，控制芒果垂直根的生长，并通过表层增施农家肥，采取培土、松土等措施，促进水平根的生长，达到控制树冠和提早结果的目的。

**2. 整形技术**

幼树整形时，可采用降低主干高度、拉大分枝角度、促发多生小枝的方法，适当控制树冠，改善树冠的光照条件。

**3. 修剪技术**

掐顶能促进生长、分枝，还能控制它的株型。根据品种特性和树冠的大小进行回缩修剪，更新树冠，剪去病枝、枯枝。修剪后要及时增施速效肥攻梢，以培养健壮的结果母枝，保持一定的冠幅和树高。

## 五、肥水管理

**1. 施肥**

适当的薄肥勤施，植株才能长得更好，平常用平均肥，即能快速增长。施肥应多次薄施，以施磷钾肥为主，氮肥为次，达到控高促壮的效果。如果到了开花的季节，要减少氮肥，增加高磷钾肥。

**2. 浇水**

芒果比较耐旱，特别是花芽分化期，更需要适当干旱的土壤和天气，这个时期要适当控制浇水。但是，芒果开花，果实生长、发育及营养生长则需要充足的土壤水分，严重的土壤干旱会抑制果实的营养生长，妨碍有机营养物质的产生和积累，此时宜多浇水，泥干即浇，浇则必透，一般要隔天浇水1次。开花期和结果初期如空气过分干燥，则易引起落花落果；雨水过多会导致烂花和授粉受精不良；夏季降雨过于集中时，常诱发严重的果实病害；采收后的秋旱多影响秋梢母枝的萌发生长。上述情况在管理中应加以注意。

**3. 光照**

芒果为喜光果树，充足的光照可促进花芽分化、开花坐果和提高果实品质，改善外观。通常树冠的阳面或空旷环境下的单株开花多，坐果率高；枝叶过多、树冠郁闭、光照不足的芒果开花结果少，果实外观和品质均差。可通过整形修剪，改善盆内、树内的光照条件，以提高产量和延长盛果期。盆栽芒果要放置在阳光雾水能到达的地方，凡放置在阳台上的苗木，每隔一段时间应适当移动盆的方向。

### 4. 温度

芒果性喜温暖，不耐寒霜。芒果生长的有效温度为18～35℃，枝梢生长的适宜温度为24～29℃，坐果和幼果生长需高于20℃的日均温度。

## 六、病虫害防治

芒果树的虫害主要是粉蚧虫和红蜘蛛，会使芒果树的结果率降低，可以用有机农药控制。芒果尾夜蛾是为害芒果的主要虫害，每当抽新梢、叶片红色、梢未木质时，用敌百虫、杀螟松、稻丰散等其中一种药物的80～100倍液喷杀，每5～7d喷布1次，至叶片转绿、枝梢木质化时为止。

## 七、越冬防寒

如果温度降到15℃，盆栽芒果一定要放在有阳光照射的阳台中或移入冬季加温的日光温室中，避免冻伤，这样的环境也能提供给芒果生长必须的阳光。

## 第十二节
# 萍婆盆栽技术

萍婆（*Sterculia nobilis* Smith），梧桐科萍婆属常绿乔木，又名凤眼果，古称罗望子、罗晃子，亦称频婆，出自梵语，原意为"身影"，意译为"相思树"。萍婆原产于中国、印度、越南、印度尼西亚等地。萍婆树冠浓密，叶常绿，树形美观，不易落叶；叶呈薄革质，矩圆形或椭圆形，长8～25cm，宽5～15cm，顶端急尖或钝，基部浑圆或钝，两面均无毛；叶柄长2～3.5cm，托叶早落。因其叶大、两面光洁，广东人喜用其叶裹粽子、包糍粑等。

萍婆一般4～5月开花，圆锥花序，顶生或腋生，70～200枚簇生集成1穗，膨松下垂；萼初时乳白色，后转为淡红色，呈钟状，在顶端互相黏着，形似一顶小皇冠，极为别致；雌雄异花，雄花较多，无毛；雌花较少，略大，子房为圆球形，有5条沟纹，密被毛，花柱弯曲，柱头有5浅裂。

果长5～10cm，宽2～3cm，顶端有喙；具果柄，果皮厚且呈革质，为成熟暗红色，被短茸毛，呈长圆状卵形，每果种子1～5枚，多数为3枚，未熟果表皮为青绿色，成熟时逐渐转为朱红色，皮红子黑，斜裂形如凤眼，故称作凤眼果。成熟种子呈栗褐色，有黏质，椭圆至球形，直径约1.5cm。果实为4～5个分果，外面暗红色，内面漆黑色。种子煨熟后味道如栗子，可食用，亦可入药，性甘、平，有和胃消食、解毒杀虫的功效。

## 一、品种选择

萍婆在中国广东以南常植栽为庭院树，生长速度一般，寿命可到70～80年；北方一般作为室内盆栽，一般5～6年可开花结果，赏叶观花皆可。

## 二、育苗技术

萍婆的繁殖方法主要有扦插、播种、根蘖繁殖和高压繁殖、育苗法。一般盆栽均可购买1～2年生苗，之后进行盆栽养护。为了增加乐趣，也可采用扦插及播种育苗。

### 1. 扦插

萍婆的枝条生根容易，多用扦插繁殖法，半木质化枝条、木质化枝条甚至老枝均可扦插成活。一般选用2～3年生木质化枝条，插条剪成约15cm，于春秋两季扦插于河沙制成的苗床中。为了提高成活率，可用生根粉500倍液处理，扦插入土约3cm。保持好空气及土壤的湿度，4～6周左右即可发根。

### 2. 播种

播种育苗也是常用的繁殖方法之一。当蓇葖果成熟开裂时，及时取出种子，即采即播，避免暴晒脱水。沙床湿度不能太湿，沙的湿度以手抓成团、指缝无水滴为宜。播种前沙床和种子可用甲基托布津或百菌清进行灭菌处理，用点播法播种。播种后要覆盖薄膜进行遮阴保湿。7～10d后可出芽，第2年春植株可达20～40cm，3～4月便可移栽。

### 3. 分株

萍婆根系再生能力较强，露于地面部分的根系可萌生根蘖苗。在进行分株前，可将根部堆放于栽培土壤中以便于促进更多的根萌发。在春、秋季将旺盛萌发期的根蘖苗分离定植。

## 三、上盆移栽

一般选择通透性良好、内径为40～50cm的花盆最好；或选择同等规格的营养钵养护，并外部套盆养护。萍婆对土壤要求不严，耐贫瘠，在酸性、中性及钙土中均可生长。但在排水良好且养分充足的沙壤土中，其根系发达，生长速度更快。

## 四、整形修剪

萍婆树干萌生能力强，需要适当整形。一般在苗的50～60cm处定干，截去过高主枝杆的上部，促使其侧枝萌发，使整个树形呈椭圆形，有利于结果和采果。果实采收后疏剪过密的新生枝、病枯枝、交叉枝、徒长枝和萌蘖枝，可使树冠内部通风透光。此外，对于树顶主干枝条也应加以控制，也可在夏、秋季刻伤枝干，促成春季开花。

## 五、肥水管理

在开花期和幼果期，应勤浇水，保持土壤湿润；遇到干旱天气，需对整株树冠喷水，以助其开花着果，增加结果数量。萍婆的栽培非常简单，特别在定植成活成形以后，管理上可为粗放式。

幼龄树一般年施肥4~6次，每2~3个月1次，施有机肥或化肥均可。成年结果树需要较多营养，为防止树势衰弱，需要定期使用肥料，施肥原则为"少量多次"，每次施30~50g复合肥，分为3~5点使用在根际周围，施肥后浇透水。在盆栽萍婆进入结果期后，要注意花前、坐果后的肥料使用，防止落花落果。

## 六、花果管理

### 1. 促花技术

萍婆耐涝不耐旱，在花期和幼果期要求有适当的土壤水分和大气湿度，即俗话所说"晴天芒果，落雨萍婆"。在开花期间，干旱天气时，应给树冠喷洒水分，增加空气湿度，以利于开花。

### 2. 保花保果

萍婆的开花量很大，但由于花体较小且雌雄异花，盆栽在室内，结果较困难。需要注意的是在开花后尽量保持空气通畅，适时进行人工授粉。开花后要确保日照充足，温度控制在23~32℃，适量增加空气湿度。

## 七、病虫害防治

萍婆虫害主要为炭疽病和木虱。防治时应首先注意盆栽的卫生，搜集病落叶集中烧毁，减少侵染来源。炭疽病植株可全面喷布1g/L波尔多液或300g/L氧氯化铜悬浮剂600倍液。木虱防治时，低龄若虫期喷施20%速灭杀丁乳油3000倍液，或950g/L灭幼脲水剂1000倍液，或20~50g/L溴氰菊酯乳油1500倍液，或250g/L扑虱灵可湿性粉剂1000~1500倍液，交替连喷3~4次，隔7~15d1次。

## 八、越冬防寒

萍婆不耐寒，盆栽在北方地区需要在室内越冬，温度在-2℃以上时，由于冬季温度较低，应适度控制水分。

## 第十三节
# 红果仔盆栽技术

## 一、品种选择

红果仔（*Eugenia uniflora* Linn.），桃金娘科，番樱桃属灌木或小乔木，一般为3～5m，全株无毛。叶片纸质，先端渐尖或短尖，钝头，上面绿色发亮，下面颜色较浅，两面无毛，叶柄极短。一年可多次开花，花呈白色，稍芳香，萼片呈长椭圆形，浆果呈扁球形或球形，形似南瓜，直径1～2cm，有8棱，果实在花后5～6周成熟，成熟时由黄色渐变为红色、深红色，有种子1～2颗，花期在春季。

红果仔原产巴西南部，作为园林树种在中国南部地区受到广泛欢迎。红果仔树形优美，叶色浓绿，四季常青；果实形状奇特，色泽美观，味道鲜美，是观赏、食用两相宜的盆栽优良树种之一。适宜用作盆景、盆栽和庭院栽培。

## 二、育苗技术

**1. 播种**

红果仔播种的最佳时间为每年的春、秋两季。种子可随采随播，也可将其储藏到春、秋季再播种。播前用3～5g/L高锰酸钾溶液消毒，20～30min后取出置于阴凉处，表面水干燥后浅埋于疏松土中，约经28d后可发芽。苗高15cm以上可移植。

**2. 分株**

每年春季，疏松根部土壤，在红果仔成树根附近常出现根蘖苗，可将其挖掘出来，分株栽植，但红果仔的细根甚少，移植时应特别注意挖掘要深，尽量避免切断根部，以免影响移植成活率。

**3. 扦插**

每年的3～5月可进行扦插繁殖。扦插时，取当年生健壮的、保留2～3片叶片的长8～10cm的成熟枝条。扦插基质要选排水良好、600倍多菌灵消过毒的疏松沙质壤土或泥炭土。插条用生根粉蘸根后进行扦插有利于生根。扦插后，顶部加盖80%左右的遮阳网或塑料薄膜并浇透水，每日喷水1～2次，每次3～5min，扦插1～1.5个月可生根。

**4. 高空压条繁殖**

在北方，每年的3～4月为繁殖最佳季节。选择枝条的适当部位作环剥，以塑料薄膜装入酸性沙土包于环剥处，经常浇水使膜内土壤湿润，3～4周左右可生根。

## 三、上盆移栽

红果仔喜欢腐殖质丰富、肥沃、通透性良好的土壤，pH 6～7为最佳。一般情况下，土壤的配置比例为腐殖土∶园土∶沙土＝5∶3∶2，可掺入少量的过磷酸钙、骨粉等磷钾肥，充分混合均匀，将高度为15cm左右的幼苗带土移栽上盆，移栽后浇透水，放于阴凉处养护。

## 四、整形修剪

红果仔耐修剪，可根据不同的树形进行整形修剪，生长期要随时抹去无用的芽。一般需要在主茎上15～20cm的高度进行修剪，以促发侧枝，早日形成树冠，同时还可以控制植株高度、增加花量。结果期后去除残留果，同时除剪除细弱枝、过密枝和病虫枝外，还要短截留下的长短枝，以便恢复树势。此外，还可将其修剪成圆形、锥形等造型。

## 五、肥水管理

红果仔喜温暖湿润的环境，在阳光充足处和半阴处都能正常生长，不耐干旱，也不耐寒。红果仔不喜浓肥，一般采用"少量多次、薄肥勤施"的方法，每隔10～15d施1次腐熟的稀薄液肥，幼树或抽梢期以氮肥为主，其他时期则施以磷钾肥为主的复合肥，根据植株大小追肥使用量在15～30g。花果期如遇干旱天气应及时浇足水，勿使盆土干燥，应经常向植株及周围环境喷水，以增加空气湿度。冬季控制浇水，每2～3d浇水1次。

## 六、花果管理

### 1. 促花技术

在红果仔的，生长季节，应将其放在室外阳光充足、空气流通处养护，夏季高温时，适当遮光防烈日暴晒。每年8～9月是红果仔花芽分化的关键时期，需要控制浇水量，增施磷钾肥，10月会有花蕾出现。

### 2. 保花保果

四季都应将其置于光线充足、通风良好的场所养护，每天光照8～12h，会使植株枝叶繁茂，嫩梢呈紫红或红褐色，更鲜艳。同时开花次数增多，花色更鲜艳夺目，结果也增多。若阳光不足或在荫蔽的环境条件下生长，植株枝叶会徒长、瘦弱，影响开花及坐果。

## 七、病虫害防治

红果仔主要病虫害有炭疽病和煤烟病。炭疽病发病期可用750g/L百菌清1000倍液，或500g/L退菌特800倍液，或200g/L三环唑600倍液喷布。煤烟病发病初期可用速扑杀800~1000倍液喷布，或500g/L多菌灵可湿性粉剂500~800倍液，或700g/L甲基托布津500倍液等。

另外要及时防治蚜虫、绒蚧、粉虱等。蚜虫可用100g/L吡虫啉2000~2500倍液防治。介壳虫经常隐藏在植株的叶腋、叶片的背面或根系，可用400g/L速扑杀乳油800~1000倍液喷布全株。

### 八、越冬防寒

红果仔喜温暖湿润的环境，生长适温为23~30℃。冬季温度不可低于10℃，5℃以下会发生冻害。

## 第十四节
# 柚子盆栽技术

柚子（*Citrus grandis* Osbeck）为芸香科柑橘亚科柑橘属常绿乔木，又名柚、文旦、香栾、朱栾、内紫等。柚子树叶大而厚，色浓绿，叶翼大，呈心脏形；总状花序，花蕾呈淡紫红色，稀乳白色；果实大，呈圆形、扁圆形或阔倒卵形，成熟时呈淡黄色或橙色；果皮厚，有大油腺，不易被剥离；果肉呈白色或红色，果味甜酸适口，于秋末成熟，耐贮藏，果实供生食或加工，果皮可制作蜜饯；花、叶、果皮均可提取芳香油。

### 一、品种选择

柚子在我国已有3000多年的栽培历史，地域气候的变化差异孕育了柚子品种的多样性。以位于我国东南沿海地带的福建省为例，就有坪山柚、文旦、琯溪蜜柚、度尾文旦柚及四季柚等100多个柚类品种（系），其中以无籽、早熟、多次开花结果的品种深受人们的喜爱。柚子果实营养丰富且有保健功能，如有抗衰老、抗氧化、抗癌、降血糖等功效，具有"天然罐头"之美称。

### 二、育苗技术

柚子从播种到开花需5~8年，嫁接树4~5年结果，初果后1~2年即进入盛果期。因此，盆栽柚子一般选用嫁接苗。嫁接的砧木以本砧为好，嫁接后生长快，早产果，丰产，果实品质优良。砧木一般现采现播种，当年可出苗，第2年秋可芽接。嫁接在3月上旬至4月上旬进行枝接，接穗长15~25cm的秋梢或春梢；芽接则在8~10月进行，多用T字形嵌芽接。芽接成活后第2年3月上、中旬，在离芽上3~5cm处剪断，待春梢生长停止时，将接口砧桩全部剪去。及时将砧木上长出的新芽去掉，避免与接穗争夺养分。

### 三、上盆移栽

种植土壤以中性偏酸性为主，土壤一般由腐叶、粗沙、园土混合而成，体积比为2：3：3，可加入占总体量0.3%的骨粉或钙肥。一般选用直径为40~50cm的花盆。定植时，在盆内先填少量培养土，然后将2年生苗放入盆内扶正，填土后，略加按压，使之与盆沿留出2cm左右高度，浇透水后放在光照良好的环境下养护，移栽后4~6周内不宜追肥。为便于移栽缓苗，定植操作最好在阴天进行。

### 四、整形修剪

#### 1. 幼树整形

苗木定植后，在嫁接口以上30~40cm处剪截定干。抽梢后，选留3~4个生长强壮、四周分布均匀、相互间有一定间隔的新梢作为主枝，将其余新梢抹除，主枝间间隔30~40cm。每个主枝顶端继续延长至40cm左右时，及时摘心打顶。在每个主枝上选留位置适当的强壮分枝2~3个作为副主枝。副主枝间应保持适当的间隔，使分生的侧枝能受到充分的光照。要经常抹除主干和主枝上交叉、重叠、扰乱树形的徒长枝和位置不当的枝芽。

#### 2. 结果树修剪

柚子结果树一般只抽春梢，夏秋梢很少，内膛结果能力强。因此，初结果树的修剪宜轻不宜重，一般只将位置不当的徒长枝、病虫枝、枯枝、过密纤弱枝等疏去，多留位于内膛的2年生无叶（俗称爪爪）结果母枝。成年树树冠已形成，修剪对象主要是骨干枝上的侧枝及其上所生的各类枝梢，目的在于调节植株生长和结果的均衡。修剪的原则是强树重疏剪，少短剪，疏除密生枝、直立枝组和侧枝，保留下垂枝和弱枝，以利于开花结果。衰弱树多在强枝上结果，应采取去弱留强、多留有叶果枝的措施。尽量做到"顶上重，四方轻，外围重，内部轻"，在树冠外围过长或者扰乱树形、影响树势均衡的侧枝，应注意予以疏剪与短截，达到通风透气的目的。

### 五、肥水管理

合理施肥十分关键，施肥的原则为"薄肥多施"，北方可以考虑给草木灰。每年春季发芽前和秋季施用有机肥。在幼年阶段，肥料的浓度不能过高，否则会伤害其生长，随着生长的时间逐渐变长，肥料的浓度要适当增加。对结果树的施肥要注意的是要多施一些有机肥料，并且要按照一定的比例来进行施肥，以保证肥料的供给能满足柚子的生长，而且施肥的次数不能过多，每年4次左右即可。

## 六、花果管理

### 1. 促花技术

柚子为喜阳植物，光照良好的养护环境有利于柚子的健康生长。因此，盆栽柚子应该确保有充足的光照。其次，要确保充足的浇水量，但不能让盆中长期积水。

### 2. 保花保果

首先，增加树体营养，加强肥水管理，尽量保留叶片，防止不正常落叶，花前应追施以氮钾肥为主的速效肥，花后及时补肥；同时，花前、花后及幼果期喷施叶面肥；其次，控制花量。柚子花单生成总状花序，当大部分花蕾达到3～5mm时进行疏花，花蕾露白时疏去花序尾部和弱小花蕾，只选留中间4～5朵健壮花蕾。因盆栽柚子所处的室内通常空气流通不畅，所以花粉常常不能传播到柱头上而会出现花而不实的现象。为此，需要对柚子花进行人工辅助授粉，以提高坐果率。具体做法为在柚子开花散粉时，将花粉轻轻拍到柱头上，授粉一般连续进行2～3d。4月下旬开始开花，5月上旬植株进入盛花期。发育正常的雌雄蕊授粉受精后可产生有种子的果实。柚子也具有单性结实的能力，未经授粉受精的子房也能膨大发育成无种子的果实。

## 七、病虫害防治

柚子的主要病害有黄龙病、溃疡病、疮痂病、炭疽病；主要虫害有红蜘蛛、锈壁虱等螨类，糠片蚧、矢尖蚧等蚧类，以及蚜虫、潜叶蛾等。其防治方法为喷施针对性药物进行灭杀，并喷布新高脂膜以增强药效和灭杀效果。

## 八、越冬防寒

柚子可以耐0～5℃，在每年的11月上旬温度降到0℃时，把花盆移到屋内或室外的大棚。

## 第十五节
# 番木瓜盆栽技术

番木瓜（*Carica papaya* L.）俗称木瓜、乳瓜、连生果、万寿果或番瓜，是热带、南亚热带广泛栽培的果树，在世界果品产量中位居第11位。番木瓜原产于热带美洲，现已广泛分布于全世界热带和较温暖的亚热带地区。中国于17世纪引入番木瓜，迄今已有300多年的栽培历史，栽培区域有中国台湾、广东、广西、海南、福建、云南、四川等。经长期栽培驯化，番木瓜已成为华南地区人们的重要水果之一，享有"岭南佳果"的美誉。番木瓜具有很高的经济价值和营养价值，是果用、药用、菜用兼优的果品，目前越来越受到人们的关注，发展前景广阔。

## 一、品种选择

一般盆栽番木瓜要选一些自花授粉的矮秆品种，其种子是细长的。适宜北方温室种植的番木瓜品种有红妃、台农1号、台农2号、夏威夷、红日等。其中，红日和夏威夷为小果型品种，平均单果重500～600g，红妃平均果重1500g左右，台农1号和台农2号平均单果重2200g左右。与台农1号和台农2号相比较，红妃、红日和夏威夷植株较矮，可以根据个人的不同喜好进行选择。目前，中国台湾的"日升"品种比较受欢迎，该品种植株矮壮、树势中等、结果早、结果力较强，平均单果重400g左右，株产10～20kg；果实呈梨形或近圆形，果形美观，大小整齐，果肋不明显，果顶凹陷，畸形果极少；果肉红色艳丽，甜度高，味芳香；可溶性固形物含量为12%～16%。

## 二、育苗技术

将种子清洗干净或将其放在水中浸泡4d，期间应1d换2次水，最后一天换水的时候，适当加入一些杀菌剂，如多菌灵，之后把种子放在棉布或湿纸上保湿2～3d，看到种子露白后即可播种。育苗容器一般选择10～15cm花盆，用草炭或富含有机质的土壤，将土壤浇透水后即可播种。种子覆土厚度为1cm左右，播后可覆盖薄膜保湿。播后2～3周可发芽，最佳发芽温度是20℃。

## 三、上盆移栽

选择50～80L的容器，这样的容器完全能够满足木瓜的生长需求，盆底应有排水孔且垫上碎石，以保持良好的排水性。番木瓜对土壤的适应性很广，培养土宜选择土壤疏松、土层深厚、富含有机质、通气良好的沙壤土或砾质壤土。适宜生长的土壤pH为5.5～6.7，如果土壤pH低于5.5，应适量施石灰予以改良。当幼苗长出1～2片真叶时可进行移栽，移苗时要注意不伤根或少伤根。盆栽木瓜的土壤需要缓性有机肥，在土壤下撒上一层腐熟的饼肥，上面放混合好的土壤，注意防止植物的根系接触肥料。移栽后将其放在阳光充足的地方。在现代化连栋温室中盆栽种植的番木瓜，在夏季温度过高时，则需要通过遮阳网、透气等方式予以降温。

## 四、整形修剪

为避免养分浪费，需要在晴天时及时去除植株侧芽，以增加通风透光效果；将授粉不良、形状不整、病虫害及过密的果疏去，留下形状整齐美观的果实，让其充分膨大。

## 五、肥水管理

番木瓜具有生长快、花果期长、花果重叠的特点，要及时施肥保证养分供应。在植株移栽成活长出1~2片新叶后开始施肥，最好施用有机液肥，按说明每7d施1次，连续2次。苗长至40cm高时，每株追施氮磷钾复合肥25~30g，以促进其生长和开花坐果。当番木瓜开花以后，用复合肥与速效肥交替施用，每隔15~20d追肥1次，氮磷钾复合肥（15∶15∶15）和尿素溶液用量一般为每次每株30~50g，同时喷施3g/L磷酸二氢钾溶液和2g/L硼酸溶液或保花保果肥。坐果后，确保定期追施复合肥，保证果实生长所需要的养分，施肥以磷钾肥为主，少施氮肥，以提高果实品质。总体讲，营养生长期，氮、磷、钾比例以1∶1.2∶1为好；开花结果期，氮、磷、钾比例以1∶2∶2为宜。

番木瓜的85%都是由水构成的，生长发芽都需要充足的水分。植株开始结果的时候就要控制浇水量，植株养护期间要保持土壤微润不潮湿，避免盆土积水。

## 六、花果管理

在开花坐果期，每个花序选留1个生长健壮的花果，其他疏除，全株留果3~5个花果，以后所开的花和小果全部疏除，集中养分供应所留果实的生长。

## 七、病虫害防治

番木瓜主要病虫害有环斑花叶病、炭疽病、白粉病、霜霉病，以及红蜘蛛、蚜虫、圆介壳虫等虫害。防治方法以及时挖除病株后消毒，结合农业防治和生物药剂喷布为主，避免病虫害蔓延。

## 八、越冬防寒

番木瓜最佳生长温度为26~32℃，冬季最低温度不得低于15℃，若低于10℃，植株生长会受到抑制，低于5℃易发生冻害。在温度超过35℃、干燥的环境中，植株会掉蕾和停止生长。一般情况下，盆栽番木瓜在北方供暖的居家楼房室内可越冬。一般每2~3周浇水1次，注意不要让土壤长期处于过湿状态，防止沤根。北方日光温室中盆栽番木瓜，在冬季需要有加温设施提升温度，确保番木瓜的安全越冬。

[1]  王兆毅. 果树盆栽与盆景技艺[M]. 北京：中国林业出版社，1995.

[2]  郗希庭. 果树盆栽与果树盆景[M]. 北京：科学技术文献出版社，1997.

[3]  姜树苓，贾敬贤，仇贵生. 果树盆栽实用技术[M]. 北京：金盾出版社，2009.

[4]  刘正伦. 盆栽苹果[M]. 成都：四川科学技术出版社，1987.

[5]  解金斗. 果树盆栽与盆景制作技术问答[M]. 北京：金盾出版社，2010.

[6]  胡忠惠. 盆栽果树实用生产技术[M]. 天津：天津科技翻译出版公司，2010.

[7]  孙淑英，王义伟，赵明. 果树盆景的后期养护要点[J]. 烟台果树，2011（2）.

[8]  康玲，李晓旭. 北方果树盆景的养护管理技术[J]. 果树实用技术与信息，2013（11）.

[9]  刘茵. 北方地区果树盆景制作与养护[J]. 中国花卉园艺，2016（14）.

[10]  张莉香，杜晓红，王艳霞，等. 高钙果的育苗和栽培技术[J]. 山东林业科技，2009（6）.

[11]  陈玉玲，余勇山，夏乐晗，等. 柿树盆栽的关键技术措施[J]. 现代园艺，2017（16）.

[12]  刘建敏. 柿树的盆栽技术[J]. 北方园艺，2006（5）.

[13]  王奎. 石榴盆栽技术[J]. 现代农业科技，2010（11）.

[14]  罗文扬，雷新涛，习金根. 人心果的盆栽技术[J]. 安徽农学学报，2006（12）.

[15]  沈莉. 盆栽果树的保花保果技术[J]. 山西果树，2014（2）.

[16]  张厚中. 盆栽果树病虫害防治[J]. 中国花卉盆景，1998（7）.

[17]  孟凡杰. 盆栽果树种植技术[J]. 现代园艺，2014（4）.

[18]  余志坚，陈传红. 无土盆栽佛手技术[J]. 现代园艺，2006（3）.

[19]  王寿霞. 无花果盆栽技术[J]. 中国果菜，2017（12）.

[20]  陈文光，潘少霖，王小安，等. 李的观赏盆栽技术[J]. 东南园艺，2014（4）.

[21]  罗文扬，罗萍，武丽琼. 香蕉的盆栽技术[J]. 热带农业科学，2009（9）.

[22]  罗文扬，雷新涛，习金根. 人心果的盆栽技术[J]. 安徽农学学报，2006（12）.

[23]  罗文扬，罗萍. 菠萝盆栽技术[J]. 中国南方果树，2007（5）.

[24]  公培富，李强. 菠萝引种栽培[J]. 现代种业，2003（5）.

[25]  刘岩，徐舜全. 菠萝高效益栽培技术100问[M]. 北京：中国农业出版社，2000.

[26]  赵正达，吉德康. 中国花卉盆景全书[M]. 哈尔滨：黑龙江人民出版社，1989.

[27]  李彦民. 果树盆景的病虫害发生规律及防治技术[J]. 中国果菜，2017. 37（7）.

[28]  陈子英，张桂莲，陈波生. 掌叶萍婆的引种栽培技术试验[J]. 粤东林业技，2006（2）.

[29]  萍婆. 中国植物志[DB/OL]. http://frps.eflora.cn/frps/Sterculia.

[30]  李阳忠，陈少萍. 红果仔栽培管理[J]. 中国花卉园艺，2015（4）.

[31]  兑宝峰. 红果仔的盆栽管理[J]. 中国花卉园艺，2008（22）.

[32]  余甘子. 中国植物志[DB/DL]. http://frps.eflora.cn/frps/Phyllanthus%20emblica.

[33]  陈素英，马翠兰. 余甘子耐寒性鉴定[J]. 中国果树，1999（1）.

[34]　杨海东，郑道序，黄武强，等. 余甘子优良新品种"玻璃油甘"的选育[J]. 中国南方果树，2014，43（4）.

[35]　韦杰斌. 余甘栽培技术[J]. 广西园艺，2003（5）.

[36]　王建超，陈志峰，刘鑫铭，等. 不同品种余甘子果实营养成分分析与评价[J]. 果树学报，2018，35（1）.

[37]　刘冠义，徐彩君，刘冠武. 柚子南果北移设施高产栽培技术[J]. 中国果菜，2006（1）.

[38]　陈大宁. 柚子优质丰产栽培技术[J]. 农业与技术，2017，37（13）.

[39]　王利彬，温荣洁，翟永胜. 北方高寒地区智能温室番木瓜栽培技术[J]. 内蒙古农业科技，2014（1）.

[40]　番汝昌，李鹏，杨世达. 一年生优质鲜食番木瓜栽培技术[J]. 云南农业科技，2003（4）.

[41]　安树杰，张正伟，祝保英，等. 番木瓜北方连栋温室栽培技术[J]. 农业工程技术，2017，37（1）.

蓝莓盆栽

钙果盆栽

黑枸杞盆栽

草莓盆栽

枣树盆栽

山楂盆栽

柿子树盆栽

苹果盆栽

葡萄盆栽

樱桃盆栽

石榴盆栽

梨树盆栽

果桑盆栽

无花果盆栽

贴梗海棠盆栽

水蜜桃盆栽

余甘子盆栽

海棠果盆栽

金橘盆栽

香蕉盆栽

佛手盆栽

西番莲盆栽

柑橘盆栽

番石榴盆栽

柠檬盆栽

人心果盆栽

菠萝盆栽

火龙果盆栽

芒果盆栽

萍婆盆栽

红果仔盆栽

柚子盆栽

番木瓜盆栽